깡깡이마을,
100년의 울림

" 깡깡이마을을 소개합니다 "

- 역사편 -

깡깡이마을, 100년의 울림

우리 모두의 굳은 살 속에 스며있는,
사랑할 수밖에 없는 정직한 삶의 목소리,

깡! 깡! 깡!

– 역사편 –

목차

0

프롤로그

순하고 평범한 사람들이
몸으로 부대끼며 쌓아 올린 위대한 삶의 이야기

" 나는 파리의 내장을 그린다 "

에두아르 마네 - E. Manet

" 깡깡이마을은 부산의 굳은살이다 "

문호성 - 제1회 해양문학상 수상 작가

　　부산하면 바다입니다. 바다라면 또 배를 떠올리게 되죠. 그
런데 우리나라에서 최초로 근대식 배를 만든 곳도 바로 부산
입니다. 그러니 부산을 명실공히 한국을 대표하는 해양도시라
해도 거리낄 게 없습니다.

　　그런 부산에 영도라는 동네가 있습니다. 흔히들 부산사람을
갯가(물가) 사람들이라 하여 하대(下待)하던 시절, 영도는 그
런 부산에서도 더더욱 변방으로 취급받았던 동네입니다. 하지

만 영도는 한국 사람 모두의 마음속 고향 같은 곳이기도 하지요. 특히 한국전쟁과 산업화 시기, 전국 팔도의 사람들이 몰려와 나름의 힘든 시기를 이곳에서 견뎌냈기 때문에 어느 정도 나이 먹은 한국 사람이라면 누구나 조금쯤은 영도에 대한 추억을 가지고 있을 수밖에 없습니다. 일정 부분 마음에 빚처럼 남은 젊은 날의 한때, 아마도 다시 돌아가고 싶지 않은 고생만 실컷 하던 시기의 기억이겠지만 돌이켜보면 또 어딘가 애잔해지는 감흥이 이곳 영도와 겹쳐질 것입니다. 어렵던 시절을 떠올리게 하여 한편으로는 불편해지지만 어쩐지 그때 그 시절 어린 날의 자기 모습과 뭉클하게 겹쳐져 복잡한 기분을 느끼게 하는 곳...... 영도를 한국인 모두의 마음속 고향 같은 곳이라고 한 까닭입니다.

그 영도로 들어가는 길목에 일명 '깡깡이마을'이라 불리는 동네가 있습니다. 바로 이 책의 주인공입니다. 사실은 정작 부산 사람들 사이에서도 그리 많이 알려진 곳은 아닙니다. 젊은 이들이라면 아마도 이런 마을이 있는지조차 모를 가능성이 큽니다. 하지만 이곳은 지난 100년 동안의 한국 근현대사가 압축적으로 녹아있는 마을입니다. 무엇보다 지금의 한국 경제를 떠받치고 있는 조선 산업의 모태가 바로 이곳 깡깡이마을이라는 점은 각별합니다.

1912년, 우리나라 최초의 근대식 조선소인 다나카 조선소가 들어서면서 깡깡이마을은 근대 조선의 발상지가 됩니다. 임진왜란까지 거슬러 올라가는 오랜 역사의 부침과 함께 동네 여기저기에는 아직도 일본의 영향이 강하게 남아있습니다. 지금처럼 버선 모양의 땅이 된 것도 역시 일본에 의해 매립되면서부터이지요. 한국 최초의 근대식 조선소, 그와 함께 생겨난 수많은 수리 조선소와 선박부품 가게들, 원양어업 선원들과 '깡깡이 아지매', 아직도 남아있는 적산가옥과 고철상 및 창고들, 그리고 그 오랜 시간 속에서도 끈끈한 결속력을 자랑하며 함께 마을의 공동자산을 보유하고 운영하는 튼튼한 주민공동체 조직 등 들여다볼수록 이야깃거리가 많은 동네이기도 합니다. 게다가 관광의 가치가 높아지는 요즘, 영도의 관문지역으로서 부산항과 원도심을 조망할 수 있는 최고의 경관자원까지 보유하고 있어 새로운 시대가 요구하는 도시재생 모델의 근거지로써도 필요한 조건을 두루 갖추고 있지요.

하지만 지금 이 마을에는 젊은이들이 없습니다. 듣기만 해도 마음이 밝아지는 아이들의 노는 소리도, 학생들의 깔깔대는 웃음소리도 좀처럼 찾기 어렵습니다. 이것은 이 마을에 미래가 없어 보인다는 얘기에 다름 아닙니다. 하루가 다르게 늙어가는 노인들만이 느리게 몸을 움직이며 서로가 서로의 벗이 되어 하루를 버티고 있습니다. 한때 강아지들도 만 원짜리를 물고 다닐 만큼 호황이었던 무용담은 어느덧 옛날이야기가 되었고, 지금은 해가 지면 도시가스가 들어오지 않아 가로등의 가녀린 불빛조차 없는 칠흑처럼 어두운 골목 사이로 쇳내와 짠 내만 가득합니다. 간이선착장에서 손닿을 듯 가까운 거리에 있는 맞은편 자갈치시장의 화려한 불빛 때문에 상대적으로 스산한 느낌이 더한 것인지도 모르겠습니다.

1980년대 이후 깡깡이마을의 조선소와 공장사업은 위축되기 시작했습니다. 자연스럽게 선원과 종업원들의 수도 급격히 줄어들었습니다. 선박이 커지고 조선소 대부분이 부산의 감천이나 다대포, 경남 진해와 거제 등지로 빠져나가면서 이곳에는 소형 조선소만 남게 되었습니다. 남아있는 조선 수리업 관련 부품 회사와 공장, 철공소 백여 개마저 거듭되는 불황으로 영세업체로 전락했지요. '깡깡이마을에 없으면 어디에도 없다'는 말이 나올 만큼 수만 종에 달하는 선박부품을 다루던 업체들이었습니다. 지역의 공 폐가와 노후주택도 증가해 대낮에도 조금만 걸어 다녀보면 지역의 침체된 분위기를 실감할 수 있습니다. 또 이런 열악한 생활환경은 전입 인구 감소와 같은 악순환으로 이어지고 있는 실정입니다.

지금 이곳 깡깡이마을은 '준(準)공업지역'으로 묶여 파출소가 철수하고 그 흔한 약국조차 하나 없습니다. 인근 공장으로부터 날아드는 먼지와 쇳가루, 페인트 냄새 때문에 주민들은 일상적으로 고통받고 있기도 합니다. 부산시와 영도구, 영도문화원과 마을주민회, 그리고 지역의 사회문화디자이너들이 모인 로컬액션그룹 플랜비문화예술협동조합이 힘을 모아 깡깡이예술마을 사업에 나서게 된 계기입니다.

20세기 산업사회의 개발 중심 패러다임은 21세기 들어 그 한계를 여실히 드러내고 있습니다. 아시다시피 기존의 도시재생은 부수고 허문 다음 다시 짓는 토목 중심의 재개발 사업에 다름 아니었습니다. 하지만 이런 방식의 한계는 너무나 분명했고 땅을 소유한 사람과 건축업자들을 제외하면 누구도 만족하지 못하는 결과로 이어지곤 했습니다. 오히려 철거나 재개발 과정에서 상처 입는 사람들만 대량으로 나왔을 뿐이죠. 그래서 새로운 도시재생에 대한 연구가 진행됐고 그 법적 근거를 갖춘 것도 불과 3년 전의 일입니다. 2013년에 제정된 '도시재생활성화 및 지원에 관한 특별법(약칭 도시재생특별법)'이 그것입니다. 대도시의 무분별한 확산을 억제하고 도심의 쇠퇴현상을 방지하는 한편 이미 쇠락한 도심으로 새로운 인구 및 산업의 회귀를 촉진하려는 것을 목적으로 제정된 법입니다. 철거와 재건축을 반복하던 방식에서 벗어나 사회, 문화, 공동체 등 도시 전반을 아우르는 보다 폭넓은 전망과 기능 회복이 요구되고 있기 때문에 나타난 흐름입니다. 재개발, 재건축에 의존하며 토지건물 소유자 중심의 개발이익에 초점을 맞췄던 도시정비 사업은 주민 중심의 지역공동체를 활성화 해 자력의 기반을 확보하고 문화와 예술을 중심으로 한 소프트웨어 및 휴먼웨어를 적극적으로 활용하는 도시재생으로 전환하고 있습니다. 최근에는 생태와 지역, 공동체와 문화예술, 해양과 공유경제 등 새로운 패러다임에 기반을 둔 도시재생 모델이 더 많이 요구되고 있습니다. 주민들도 더 이상 대상화되는 것이 아니라 직접 주체가 되어 마을공동체와 생활문화를 주도적으로 이끌어갈 수 있도록 준비해야 합니다. 보다 섬세한 도시재생전략의 필요성이 강조되는 이유입니다. 그런 측면에서 깡깡이마을은 소중한 근대문화유산의 보고이자 새로운 시대의 가능성을 보여줄 수 있는 마을입니다.

앞서 부산이 한국을 대표하는 제1의 해양도시라고 소개한 바 있습니다만, 그동안 도시 정체성과 재생에 대한 전략을 고민할 때 적극적으로 해양을 껴안지는 못했던 것이 사실입니다. 그동안 부산은 해양을 산업적 관점에서 물리적 개발의 대상으로만 취급해 온 경향이 있습니다. 이미 세계 각국에서 해양이 새로운 문화공간으로 거듭나고 있는 시기에 조금 늦은 감이 없지 않습니다. 해양에 대한 관심과 수변공간 재생은 이미 전 지구적 현상이기도 하기 때문입니다. 요코하마나 대만 가오슝, 독일 함부르크나 스웨덴 말뫼 같은 곳이 그 사례로 자주 언급됩니다. 산업사회의 쇠퇴와 함께 자연스럽게 나타나기 시작한 현상이며 해양에 눈을 돌리고 특히 해안을 끼고 있는 마을을 이전과는 다른 패러다임으로 재생하는 사례들은 최근 5~6년 사이에 나타나기 시작한 아주 최근의 흐름이기도 합니다.

예술을 매개로 마을을 활력적으로 변화시키면서 부산의 명소로 주목받고 있는 감천문화마을이 산복도로 재생이라는 측면에서 의미를 가진다면, 깡깡이마을은 해양문화수도 부산만의 특성을 살린 해양 중심의 도시재생 사례로서도 가능성을 담보하고 있는 곳입니다. 주지하다시피 많은 전문가가 이미 오래전부터 21세기의 중요한 흐름 중 하나로 '해양 중심 패러다임으로의 전환'을 꼽고 있습니다. 미래학자 앨빈 토플러도 제3의 물결을 주도할 4대 핵심 산업 중 하나로 우주, 정보, 생명과 함께 '해양'을 꼽은 바 있지요. 20세기 산업사회가 대륙 중심 패러다임이 지배했던 시대였다면, 21세기는 해양 중심 패러다임이 지배하는 시대가 될 것이라는 주장입니다. 부산관광실태조사에 따르면 부산을 찾는 관광객들은 부산을 해양도시(39%), 관광도시(28%), 영화도시(12%)의 순서로 인지하고 있었습니다. 또한 "부산시민들은 '부산'하면 연상되는 것으로서 해운대(23.5%), 바다(14.2%), 광안대교(8.3%), 항만도시(5.9%), 태종대(4.8%), 자갈치시장(4.8%), 갈매기(3.5%) 등 모두 바다와 관련된 대상들을 떠올렸으며 1978년 제정된 부산의 시조(市鳥)도 갈매기이며 1984년 제정된 부산찬가 역시 수평선과 바다로 시작하고 있습니다."(류태건, 2014) 또, 장르

14

예술을 중심으로 하던 협의의 문화 개념도 생태, 일상, 주거, 역사 등 주민들의 삶에 켜켜이 스며있는 생활양식 전반으로 확장한 광의의 문화 개념으로 변화하고 있으며 문화의 정책대상도 재설정되고 있는 추세입니다.

이러한 배경을 떠올려볼 때, 깡깡이마을은 역사와 산업, 근대문화유산과 현재진행형인 마을 커뮤니티 등 새로운 도시재생과 창조도시를 위한 자원이 풍부한 곳입니다. 특히 근대문화유산은 오늘의 한국이 존재하게 한 연원과 과정을 보여주고 지역의 정체성과 문화를 새롭게 만들어내는 근거가 됩니다. 깡깡이마을은 여타의 해양도시와 달리 압축적 근현대사의 굴곡과 수많은 이야기를 담고 있는 부산이라는 도시 정체성을 상징적으로 드러낼 수 있는 마을입니다.

한편 전통적 해양문화에서는 남성 중심적 문화가 강했습니다. 하지만 깡깡이마을은 그 동네의 이름처럼 흔히 '깡깡이 아지매'들로 상징됩니다. 최근에는 이주노동자들도 많이 모여들고 있습니다. 소수자, 주변인, 약자들의 동네라고 할 수 있습니다. 이들은 지난 산업화시대에는 철저히 목소리가 차단되어 있기도 했습니다. 공간적으로도 선박과 수리 조선 관련 일꾼들만의 공간이었지요. 하지만 이제는 지역사회를 향해 열린 공간이 되어야 합니다. 우리가 그들의 목소리에 귀 기울이고 사회적으로는 약자였을지 모르나 제 삶의 주인으로서는 누구보다도 강했던 그 삶의 가치를 재발견할 필요가 있다고 확신합니다.

총 3권으로 출간될 〈깡깡이마을, 100년의 울림〉은 깡깡이마을이 품고 있는 다양한 이야기들을 제1권 역사 편, 제2권 산업 편, 그리고 제3권 생활 편으로 나누어 소개할 예정입니다. 단순한 기록의 축적이 아니라 지금도 우리 곁에서 살아 숨 쉬고 있는 바로 지금 여기의 이야기를 생생하게 들려드리고 싶었습니다. 공간의 변화와 특성, 지금 이곳에 살고 있는 주민들의 육성도 담았습니다.

우리가 만난 깡깡이마을 사람들은 순하고 평범했습니다. 촌스러울 만큼 고집스럽고 자존심도 셌습니다. 하지만 이분들은 머리로 계산하고 넘겨 짚어가며 살아온 분들이 아니었습니다. 오히려 저 먼 옛날, 우리의 조상들이 수천 년 수만 년 동안 살아왔던 방식처럼 몸으로 부대끼며 날 것 그대로의 삶을 시시각각 받아 안고 버텨왔다는 것을 알 수 있었습니다. 그 삶은 오히려 인간답고 자연스러워 보였습니다. 결국, 인간의 의지와 힘은 책이나 모니터가 아니라 하루하루의 구체적 삶 그 자체에 담겨있다는 것을 다시 한번 확인할 수 있었습니다. 그래서 우리는 이 기록이 '순하고 평범한 사람들이 몸으로 부대끼며 쌓아 올린 위대한 삶의 이야기'라고 생각합니다.

19세기 중반, 격변하던 시대를 살아가며 독특한 화풍으로 파리의 뒷골목을 그렸던 화가 에두아르 마네는 매끈하게 다듬어지고 겉으로만 그럴싸해 보이던 당대 도시의 유행을 천박한 것이라 여겼습니다. 마네는 오히려 당시 사람들이 천박하다고 손가락질하던 뒷골목의 문화야말로 진하게 살아서 꿈틀거리는 사람들의 진짜 삶의 모습이라고 생각했습니다. 그래서 "나는 파리의 내장을 그린다"라며 자부심을 드러내기도 했습니다. 해양문학상을 비롯해 여러 문학상을 수상한 부산의 소설가 문호성 씨는 깡깡이마을에 관해 설명해달라는 우리들의 질문에 "깡깡이마을은 부산의 굳은살입니다"라는 짧지만 묵직한 답변을 주었습니다. 문호성 작가는 한국에 채 수십 명이 되지 않는 선박기술사로 수십 년의 시간을 선박과 함께 보내온 전문가이기도 합니다. 과연 우리가 만났던 깡깡이마을 사람들은 공통적으로 세련되고 유연하기보다는 촌스러운 자존심과 정을 간직하고 있었습니다. 이곳은 부산의 내장이며 굳은살이었습니다. 그러나 소설가 공선옥은 촌스러움에 대해 이렇게 말한 바 있습니다.

"촌스럽다는 것은 쉽게 변하지 않는다는 것, 호들갑스럽지 않고 웅숭깊다는 것, 촌스럽다는 것은 천진난만하다는 것, 자존심이 세다는 것, 세상 모든 살아있는 것들 때문에 가슴 아프다는 것, 손님을 보내놓고 가슴 허전해하는 것, 남에게 못 줘서 환장하는 것, 그리하여 마침내 도시스러운 것보다 훨씬 어른스러운 것"이라고 말이죠.[1]

바닷가에서 몸을 움직이며 생의 대부분을 보낸 어르신들의 삶은 일면 촌스러운 것일지 모르겠지만, 그 삶의 고단함 속에는 날 것 그대로의 활력이 꿈틀댑니다. 고통과 슬픔이 왜 없었겠습니까만, 거기에는 어떤 건강한 인내의 힘이 있었습니다.

[1] 황풍년, 〈전라도, 촌스러움의 미학〉, 행성B잎새, 2016

없는 사실을 만들어 내거나 작은 사실을 부풀리지 않으려 노력했습니다. 낭만적으로 그리려 하지도 않았습니다. 문득 2016년 한여름, 깡깡이마을의 구석구석을 돌아다니다 쇠 냄새와 땀 냄새로 가득한 어느 허름한 식당에 들러 고추장, 식초와 설탕을 숟가락 듬뿍 퍼 넣고는 비벼 먹었던 물회의 맛을 떠올려봅니다. 거칠고 투박했지만 싱싱하고 건강하다는 느낌을 받았습니다. 우리가 만났던 어르신들의 마디마디 거칠고 딱딱한 손가락과 몇 번이나 물어봐야 겨우 알아듣는 약한 청력과 거무튀튀한 피부가 오버랩 됐습니다. 고급 음식은 아니지만, 하루하루를 제대로 살아야 하는 사람들의 입으로 들어가 피가 되고 살이 됐을 그 물회 한 그릇처럼, 마을의 어르신들은 모진 삶과 힘든 시간에 할퀸 상처들을 고스란히 드러내면서도 바로 그것들로 인해 허장성세를 걷어낸 당당하고 아름다운 모습으로 우리 앞에 앉아있었습니다.

　남자 나이 오십이 되면 지는 꽃만 봐도 눈물이 난다는 말을 들은 적 있습니다. 몸도 마음도 약해진다는 뜻이겠지만 꼭 그렇게 풀이해야 할 이유는 없지 않나 생각해봅니다. 떨어지는 낙엽에도 까르르 웃던 소년의 마음, 즉 동심을 회복한 증거라고 볼 수는 없을까요. 세상에 치이고 찍히는 동안 어느새 닳아 없어져 마침내 다시는 못 볼 줄 알았던 공감의 젖니가 거짓말처럼 다시 돋기 시작했다는 증거라고 볼 수는 없을까요.

따지고 보면 식물이든 동물이든 눈앞에서 살아 움직이는 것들에 공감하지 못하는 인간은 학력이 어떻고 직위가 어떻든 사실은 불행할 가능성이 높다고 생각합니다. 가는 길 바쁘다고 식물이든 동물이든 눈에 보이면서도 질끈 밟고 지나가는 이들이 어떻게 일상 속에서 행복을 감각하는 신경을 가질 수 있을까요. 하지만 어느새 우리 사회에는 누가 더 많은 개구리를 돌을 던져 맞출 수 있는지, 필요하지 않으면서도 누가 더 많은 구슬을 가졌는지 따위로 경쟁하며 한 생을 보내는 사람들이 훨씬 많아졌습니다.

그런 점에서 보면, 〈미국 민중사〉를 통해 역사의 관점을 근본부터 바꿔버린 하워드 진은 탁월한 학자이기 이전에 한 사람의 성숙한 인간이었다는 생각도 하게 됩니다. 성숙한 인간은 수직으로 발기한 거대한 나무 한 그루보다는 발밑의 풀 한 포기에 시선을 둘 줄 아는 이 아닐까요. 신영복 선생의 말마따나, 절벽에 우뚝 솟은 한 그루 낙락장송보다 더불어 숲을 이루는 수많은 나무들 하나하나의 의미를 곱씹어볼 수 있는 이 아닐까요.

오늘날, 우리는 모두 귀양인 신세인지도 모를 일입니다. 하나같이 외롭고 모두들 쓸쓸합니다. 어디에도 끼이지 못한 채 멀리 내처진 우리들. 저 역시 그중 하나입니다. 아직 나이 오십은 안됐지만, 지난여름과 가을, 부끄럽게 웃으며 지난날을 회상하는 꽃처럼 고운 할머니들의 주름을 바라보다가, 또 그 주름을 가리려고 쳐든 투박한 손가락 마디마디를 바라보다가, 에라 모르겠다 싶은 심정이 되어 참지 않고 울어버리고 싶을 때가 많았습니다.

깡깡이마을은 소비를 미덕으로 삼아 금방 지었다가 허물고 다시 부수고 짓기를 반복하는 얄팍하고 조급한 우리 삶을 되돌아보게 합니다. 죽을 때까지 몸을 움직여야 마음이 편안한 사람들의 노동과 마을공동체의 태도는, 일견 보수적이고 시대에 뒤떨어지는 느낌도 줍니다. 하지만 그것은 한편으론 지금 우리가 살고 있는 부박한 시대에 대한 저항이며 역설적으로 새로운 희망의 단초를 보여주는 '오래된 미래'의 모습이기도 하지요. 차라리 욕망의 전쟁터가 된 우리들의 삶을 한 번 되돌아보는 것은 어떨까요. 그리고 우리를 할퀴는 시대의 발톱으로부터 벗어나고 싶을 때, 오랫동안 위태로운 경계에서 시간을 버티고 삶을 가꿔온 사람들의 이야기에 귀 기울여보는 것은 어떨까요. 눈 밝고 가슴 따뜻한 이들이라면 큰 위로와 성찰의 계기가 되지 않을까 기대해봅니다.

그럼 지금부터 깡깡이마을 이야기를 한정식집 소반에 하나씩 둘씩 음식 담아 내오듯 풀어내 보겠습니다. 벌써부터 들리지 않나요. 가만히 집중해서 귀 기울여보시면 들릴 겁니다. 달걀로 바위 치듯, 말도 안 되는 운명이지만 기어코 굴복하지 않겠다는 듯, 네가 이기나 내가 이기나 해보자는 듯, 조막만 한 망치로 산처럼 커다란 배를 옹골차게 때리는 소리.

깡! 깡! 깡!

2017년 봄에

물양장 푸른 물빛에 어룽거리는

깡깡이마을 사람들의 지난 백여 년 삶을 떠올리며

깡깡이예술마을 사업단 일동을 대표하여

장현정

1

거친 삶을 품어주는 '커다란 평안함 [大平]'

부산역에서 남포동 쪽으로 향하다 보면 왼쪽에 다리가 하나 보인다. 그 유명한 영도대교다. 도시철도 남포동역 6번 출구 근처다. 지금은 육로로 이어져 있지만 한때 그 이름처럼 또 하나의 섬이었던 영도로 들어가는 초입이다. 이 영도대교를 건널 때 오른쪽에 보이는 동네가 바로 '깡깡이마을'이라 불리는 대평동이다. 부산에 살면서도 특별히 들어볼 일도, 갈 일도 없는 곳이니 다른 지역 사람이라면 처음 들어본다는 반응이 당연하다. 하지만 막상 가보면 물양장에 옹기종기 모여 있는 작은 배들과 오래된 창고 건물 등이 이국적인 분위기를 풍긴다. 삼삼오오 모인 배들은 서로 부딪쳐 상하지 않도록 사이좋게 배 가장자리에 타이어를 붙여놓았다. 하지만 그렇다고 대평동의 바닷가가 흔히 떠올리는 휴양지의 한적하고 고요한 분위기라는 얘기는 아니다. 다리를 건너 동네 안으로 들어가 가까이서 보면, 오히려 기름기 떠다니는 바닷물 위로 쉴 새 없이 움직이는 노동자들의 땀 냄새와 고함에 정신없을 지경이다. 하루하루의 삶을 책임져야 하는 사람들의 고단한 생존의 현장이라는 말이다. 한때 이 동네 아이들은 여름이면 기어코 기름이 둥둥 떠다니는 저 바닷물에 뛰어들어 물놀이했다는 얘기가 전해진다. 엄연히 수영금지구역으로 지정돼있지만 아이들에게 그런 게 중요했을 리 없다. 그 아이들도 이제는 모두 어른이 되어, 자신들의 부모가 그랬듯 어디선가 최선을 다해 하루하루를 버티고 있을 것이다.

■ 깡깡이 망치, 척박하고 거친 삶을 일군 유일한 무기

대평동(大平洞)의 원래 이름은 대풍포(大風浦)였다. 파도와 바람이 잔잔해지기를 바라는 마음에 '풍(風)'을 '평(平)'으로 바꾸었다고 한다. 풍파에 치이던 거친 인생의 주인공들이 이곳에 와서 비로소 터를 잡고 한 시절을 견뎠음을 떠올려보면 과연 어울리는 이름이다. 깡깡이마을은 이 대평동 1가와 2가 영도대교 일원을 가리키는 이름이다. 2015년을 기준으로 1,176세대, 2,771명의 주민이 거주하고 있는, 물양장 두 개를 축으로 동네 한 바퀴 쓱 둘러보는 데 채 한 시간이 걸리지 않는 조그만 동네다.

깡깡이마을에 들어서면 우선 매캐한 화공 약품과 기름 냄새로 정신이 아득해진다. 공업사의 매연과 온갖 화학 약품, 용접

영도 대풍포 매축지
影島 待風浦 埋築地

이 지역은 1926년까지는 포구였으며 일
본인이 매축권을 얻어 현 조선공사와 영도
대교사이의 입구를 포함한 대평동 남항동
일대의 포구를 매워 시가지를 만든 곳이다
매축면적 132660제곱미터
매축기간 1916년부터 1926년
매축범위 영도구대평동 남항동일대

가스 냄새 등이 동네 어디를 가든 진하게 코를 찌른다. 한여름이면 더욱 심하니 숨조차 쉬기 힘들 정도다. 게다가 여기저기서 공사 중이다. 흙먼지, 쇳소리, 분진이 흩날리는 골목을 걷다 보면 타임머신을 타고 산업화 시대의 한가운데 와있는 것 같은 착각이 들 정도다. 이뿐만 아니라 끊임없이 어디선가 들리는 쇠를 깎는 것 같은 쟁쟁한 소리, 망치로 선박의 바깥을 때리는 깡깡 소리에 귀도 멍해진다.

깡깡이마을이라는 별칭도 바로 이 소리에서 유래한 것이다. '깡깡이마을'이란 이름은, 선박이 본격적인 수리에 들어가기 전에 배 외관에 붙어있는 조개껍데기나 녹슨 부분을 벗겨 내기 위해 작은 망치로 때리던 소리가 '깡깡' 한다고 해서 유래했다. 그렇게 해야만 새로 페인트칠을 하고 선박을 새로 단장할 수 있기 때문이다. 한편으로는 외부 수리를 위해 사용하던 도구인 '깡깡 망치'에서 유래했다는 설도 있다. 영어로는 '치핑해머'라 불리는 이 작은 망치는 일본에서도 깡깡해머라 불린다. 일본에서 이 작은 망치를 깡깡해머라고 부르게 된 것은 서양의 캉캉 춤에서 유래한 것이라고 한다.

대평노인회 김성호 부회장

"깡깡이는 대평동에 조선소가 있으니까 아지매들(아주머니들)이 묵고 살라고 두드리는 거지. 요즘은 조금 발달해서 '그라인딩'이라고 윙 돌아가는 기계가 나왔어. 녹 벗기는데 윙하면 수월찮아. 녹이 너무 많이 든 거는 깡깡이로 하고, 싹 고를 때는 그라인딩으로 한다고. 망치로 때려서 녹 벗길 때 쓴 게 깡깡함마라는 거였어. 함마가 망치 아니가. 깡깡함마는 앞이 뾰족하고 뒤는 납작하게 생겼지." - 대평노인회 김성호 부회장

깡깡이 일은 대부분 아주머니들이 했다. 전국 팔도에서 피난이나 생활고 때문에 대평동으로 흘러온 여인들이었다. 전쟁 통에 남편을 잃거나 다양한 사정으로 젊은 나이에 홀로 되어 여자 혼자 자식들을 길러야 하는 상황에서 깡깡이 일은 고되지만 거의 유일하게 잡을 수 있는 지푸라기였다. 그녀들은 작은 깡깡이망치 하나를 들고 매일 새벽마다 거친 바닷바람을 맞으며 배 위에 올라 쇠를 때려서 아이들을 키웠다. 그녀들에게 깡깡이망치는 척박하고 거친 삶을 일구는 거의 유일한 무기였던 셈이다. 아시바에서 떨어져 누워있을 때도, 매일매일 귀를 때리는 깡깡 소리에 청력을 잃어도 , 망치질 할 때마다 튀는 녹과 페인트 부스러기에 얼굴 피부가 상해도 그만둘 수 없는 일이었다. 이곳에서는 지금도 깡깡이 일을 하는 아주머니들, 일명 깡깡이 아지매들을 만날 수 있다.

■ 오래전부터 거친 삶을 품어준 커다란 평안함의 동네

인생의 풍파에 시달리던 깡깡이 아지매들이 이곳에 정착해 삶을 꾸렸던 것처럼, 고된 시기를 버틸 수 있도록 피난지 역할을 한 것은 이 동네의 오랜 전통이다. 이 마을의 옛 지명에 '사츠마보리'라는 것이 있는데 이 역시 거친 풍랑을 피해 군선을 숨기려던 일본인들이 준설한 포구 이름이다. 임진왜란 당시 군사를 이끌고 조선을 침공했던 사츠마번(薩摩藩)의 시마쓰 요시히로(島津義弘)가 선박의 정박을 위해 대평동에 선창을 만들었다는 곳이다. 사츠마(薩摩)는 일본 가고시마의 옛 지명이며 사츠마보리는 한자로 살마굴(薩摩堀)이라 한다. 일제강점기에 매립되면서 사라졌는데 지금의 대평동 폐선 계류장 자리다. 그래서 대평동에서 오래 산 나이 많은 어르신들은 지금도 폐선 계류장 자리를 사츠마보리라 부른다. 임진왜란 이후 이곳은 일본인의 근거지가 되어 임시 왜관 시대를 여는 중심지가 된다.

"대평동의 옛 지도를 보면 '살마굴'이라는 한자어가 보입니다. 살마는 규슈 남쪽 가고시마의 옛 지명입니다. 이 지역의 장군이 임진왜란을 일으킨 도요토미 히데요시 밑에 있던 장수였는데 그는 이순신을 전사시키고 소서행장을 데려간 사람이기도 합니다. 사츠마는 일본에서 처음으로 고구마를 받아들인 곳이기도 합니다. 일본에서 고구마를 먹기 시작한 것도 오키나와를 거쳐 규슈 남쪽 가난한 섬에서부터인데 우리나라 역시 영도뿐 아니라 가난한 섬에서 주로 고구마를 많이 먹었죠. 고구마는 물 없고 토양이 척박해도 큽니다. 일본의 변방 남쪽 지역, 고구마, 대평동 등을 이어보면 우리 민족의 가난과 아픔, 일본인에 의한 점령 등 다양한 역사가 복합적으로 얽힌 곳이라 할 수 있습니다. 당시에 매립하며 만들어둔 하수도 시설의 흔적도 아직 남아있고요.” - 재야사학자이자 마을 주민 정종필

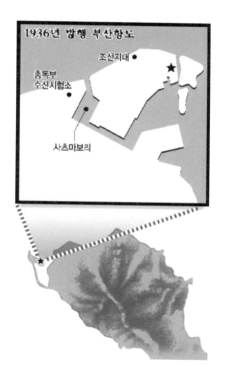

사진제공 : 정재훈 교수 연구팀

대풍포에 본격적으로 사람들이 모여들기 시작한 것은 1876년 개항 이후부터이다. 임진왜란 이후 조용하던 영도에 일본인들이 모여들기 시작했는데 이 시기부터 군국주의 일본 정부의 계획적인 이주정책에 따라 일본인들이 집단으로 이주하기 시작했다. 그 주요 대상 지역이 영도였고 그중에서도 대평동이었다. 1887년에는 한국 최초의 근대식 조선소인 다나카 조선소가 들어서면서 이 마을은 한국 근대조선의 발상지가 된다. 1934년 영도다리를 건설하면서 지금과 같은 버선 모양 매립지가 되었다. 다시 말해 이 마을은 임진왜란부터 개항, 일제강점기와 다나카 조선소, 매축으로 이어지는 긴 시간 동안 꾸준히 일본의 영향을 받아 지금도 그 흔적이 여기저기서 발견되는 곳이기도 하다. 지금도 마을 토박이 어르신들을 만나면 어렸을 적 살았던 일제 목조 가옥의 다다미방을 공통으로 기억한다. 아직 일본식 가옥이 많이 남아있지만 지금은 대부분 너무 낡아서 비어있다. 그 낡은 집들이 따닥따닥 붙어있는 작은 골목들도 예나 지금이나 여전해서, 마치 지금은 유명 관광지가 된 중국 북경의 후퉁 거리처럼 한 사람이 겨우 지나갈 수 있을 만큼 좁고 꼬불꼬불하며 복잡한 그대로다. 마을 주민들이 함께 쓰던 공동우물터도 눈에 띈다.

■ 한때 잘 나갔으나 지금은 산업화시대의 유적으로 남아

깡깡이마을에서 여전히 가장 중요한 산업은 배 수리와 관련된 것들이다. 길가에는 비케이마린, 성주철재, 정일터빈, 한국밸브 등 일반인들로서는 무엇을 파는지 알기 어려운 공장이나 상점들이 즐비하다. 물양장의 정박한 배들 앞에서는 유압기와 쇠사슬, 닻과 크고 작은 부품들이 쉴 새 없이 오간다. 한때 '깡깡이마을에 없으면 어디에도 없다'는 말이 있었을 만큼 깡깡이

깡깡이마을 수리 조선소 풍경

마을은 수리 조선과 부품을 빼놓고 얘기할 수 없는 동네이기

도 했다. 고장 난 부품이나 커다란 쇳덩어리들은 또다시 고철이 되어 재활용된다. 동네 곳곳에 유난히 고철상이 많은 이유이기도 하다.

하지만 확실히 예전 같은 활력은 느껴지지 않는다. 우선 일하는 분들의 평균연령이 50~60대 이상으로 높다. 또 규모가 영세하여 건물 하나를 공장 두셋이 같이 쓰는 경우가 허다하다. 마을에 젊은이와 어린이가 거의 없어 어르신들은 낯선 청년들이 눈에 띄면 호기심 가득한 눈빛으로 쳐다보신다. 한때 잘 나갔으나 지금은 가장 낙후된 지역 중 하나가 됐다는 말을 실감할 수 있다. 인터뷰를 위해 질문을 던져도 어르신들로부터 돌아오는 것은 대체로 침묵이다. 지난날을 딱히 떠올리고 싶지 않다는 것이다. 성실하고 치열하게 살아온 과거는 마땅히 자랑스러워해야 할 것이지만 오히려 어르신들에게는 무기력과 체념의 그것으로 인식되고 있는 것 같았다. 삶의 피곤함이 표정에서 드러날 뿐 굳이 설명하려 하지 않는다.

부산에서 가장 세금을 많이 내던 동네라는 과거의 영화는, 지금 이곳에서는 찾아보기 어렵다. 1980년대를 지나면서 대다수의 선박이 감천이나 다대포 같은 다른 지역으로 빠지기 시작하고 조선 수리시설도 쇠락하면서 거주인구는 지난 30년 사이 절반 이상이 줄었다. 남아있는 주민들의 대부분도 중년 이상의 노인들이 대부분이다. 건물의 70%가 낡은 건물이며 그마저도 비어있는 공 폐가가 50개가 넘는다. 그나마 이곳에서 일하는 사람들도 출근하고 옷을 갈아입고 나면 감천이나 다대포 등 큰 배가 들어오는 다른 곳에 가서 일을 보다가 퇴근 무렵 돌아오는 경우도 허다하다.

"영도 원주민은 10% 좀 넘을 거야. 직장 있으니까 오지 다른 일로는 안 오지. 사람이 없어지는 것도 직장이 없어지니까 그래. 다들 외지로 가버리고 안 남아있어. 공장도 예전에 비하면 한 20%쯤 남아있나? 그마저도 다 다른 데 살면서 출퇴근하고, 아침 여섯시 반에 출근해도 옷 갈아입고 뭐 하고 나면 다른 데 일 보러 갔다가 퇴근 직전에 다시 이 동네로 돌아온다고. 그러니 낮에도 사람이 없이 휑하지, 뭐."
- 삼영상회 앞 장실근

"여기 사람들은 배 새로 짓는 신주하는 사람들이 아니라 수리하는 사람들이니까요. 아침에 여섯시 십분 되면 가게 문을 여는데, 그때 되면 사람들이 출근 해요. 여기 계시는 분들은 몇 없어요. 출근하고 옷 갈아입으면 감천이나 부평 등지로 많이 빠져나갔다가 다섯 시 넘으면 일 끝내고 돌아오죠. 여기다가 사업자를 두고 있으면서 배들이 그쪽에 대니까 어쩔 수 없이 거기 가서 일하는 사람들도 많아요. 처음에는 그 작업복에 기름 냄새를 못 맡아가지고 적응을 못했는데 두 달 넘어도 힘들더라고요. 아직도 힘들긴 해요." - 길다방 여주인

주민들은 약국, 병원, 파출소, 그 흔한 은행 하나 없는 깡깡이마을이 살기에 너무 불편한 동네라고들 푸념한다. 실제로 지금 깡깡이마을에는 많은 것이 부족하다. 1998년 남항동과 통합되면서 파출소와 동사무소가 사라졌고 동네의 쇠퇴와 함께 병원과 약국도 떠났다. 새마을금고도 운영난으로 문을 닫으면서 은행에 가려면 작심하고 먼 길을 나서야 한다. 생활환경도 그리 좋은 것은 아니다. 집 바로 앞에서도 쉴 새 없이 깡깡 소리가 들리고 창틀에는 하루가 멀다고 분진이 쌓인다. 이런 푸념들은 깡깡이마을의 누구를 만나도 공통적으로 들을 수 있는 얘기였다.

"지금 사는 이 집을 2000년에 3,800만 원 주고 샀거든. 일하는 데서 가까운 데 일부러 구했다고. 그런데 일할 때는 몰랐지. 지금 일 그만두고 집에 와서 있어 보니까 먼지가 말도 못해. 창살 이틀 안 닦으면 마 휴지가 새카매. 옥상에도 아무것도 못 심었어, 흰 빨래도 못 널어. 참 멋진 집이었거든. 벌어먹고 살기 위해서 아침 조출할 때는 4시에도 나가고 5시에도 나갔는데, 그때는 가까워서 차비 안 들고 너무 좋았는데 막상 살려고 앉아보니 먼지가 너무 많아. 그래 어디 가고 싶어도 이게 또 안 팔려가지고 가지고 못 해. 누가 사? 먼지 속에? 안 사." - 깡깡이아지매 허재혜 어르신

매주 수요일 저녁 마을어르신들과 함께 모여 얘기를 나누는 시간,
문화사랑방 풍경

"이 동네는 살 데가 못 돼요. 젊은 사람들이 안 살잖아. 불편하니까. 뭐가 없으니까. 무조건 나가야 되니까. 동사무소도 원래는 대평동 시장통에 있었거든예? 파출소도 없애버렸지, 솔직히 이 동네 밤 되면 겁나거든예? 파출소는 있어야 하는데, 어른들이 민원 넣고 해도 안 되더라고예. 순찰은 돌기는 돌아주는데… 마을금고도 없어지고 많이 불편해요. 젊은 사람들이 안 살려고 해요." - 마을식당 이종순, 이미정

"사람이 줄어드니까… 뭐 다 없어지고. 파출소도 없어지고, 병원도 없어지고, 약국들도 없어져뿌고.. 뭐 없어진 게 많지인자. 그런 게 불편하지. 젊은 세대 다 나가고, 노인네들만 많거든. 그렁께네 약국도 옳게 안 되고. 전차종점 입구까지 올라가야 약국이 있다. 이 동네? 뭐시 좋은 곳이 있노? 전에는, 충무동 갈라면 배가 있었거든? 그것도 없어졌고."

- 대평 경로당 김화자

■ 바람 부는 날이면 깡깡이마을로

깡깡이마을은 분명 한때의 영화를 뒤로하고 이제는 쇠락한

40

동네처럼 보인다. 하지만 거센 파도와 바람이 이곳에 오면 잔잔해졌듯, 풍파에 치이던 거친 인생의 주인공들이 이곳에 와서 비로소 고단한 한 시절을 견뎌냈듯, 새로운 상상을 시작할 여지가 많은 곳이기도 하다.

이곳은 오랫동안 이방인들의 공간이었다. 주민들의 출신지도 이북을 포함해 제주, 전라도, 강원도, 경남 등 다양하다. 최근에는 외국에서 온 노동자들도 많다. 이들이 한데 모여 꾸려온 삶의 모습은 부박한 시대에 우리가 잊고 지내온 가치들을 새삼스레 되돌아보게 한다. 깡깡이마을 사람들은 자존심이 세지만 한 번 마음의 문을 열면 살갑기 그지없다. 사람이 그리웠기 때문이리라. 동네를 알고 싶어 만나는 주민들에게 도움을 청할 때마다, 한결같이 맨 먼저 경로당으로 가라는 얘기를 듣곤 했다. 마을의 가장 어르신들이 있는 곳이니 가장 먼저 찾아뵙고 인사드리는 게 순서라는 것이었다. 경로당은 오전에는 조용하지만, 낮 2시를 전후로 어르신들이 모이며 시끌벅적해지기 시작한다. 그곳에서 만난 어르신들은 참으로 다양한 삶의 결을 가진 분들이었다. 23년 동안 조선소에서 경비를 하셨던 어르신, 조선소 앞에서 중국집을 하셨다는 올해 일흔여덟의 어르신, 40년 동안 재래시장에서 생선 장사를 하셨다는 어르신, 충무동에 매일매일 배를 타고 나가 채소를 가져와 팔았다는 어르신, 그리고 납북된 남편을 36년 만에 만났다가 8년만에 사별하고 일흔까지 깡깡이 일을 하셨다는 올해 일흔여덟의 깡깡이 아지매 박석순 할머니까지. 간단한 몇 마디 말로는 설명할 수 없는 묵직한 삶의 이야기가 가슴을 넘어 몸 전체를 건드린다. 기름지고 나태했던 스스로를 돌아보게 하고 쇠를 때리는 깡깡 소리는 어느덧 해이해졌던 삶을 깨우는 죽비소리처럼 느껴지곤 했다.

일흔까지 깡깡이 일을 하셨다는 대평동의 산증인
깡깡이 아지매 박석순 할머니

한때 바람 부는 날이면 압구정동으로 가야 한다던 얘기가 있었다. 가볍고 화려한 것을 쫓는 시대정신이 담긴 말이었다. 하지만 우리는 바람 부는 날, 깡깡이마을로 간다. 좁은 골목길에서 심심찮게 마주치는 드럼통과 고물 등속은 그대로 우리 삶을 보여주는 하나의 오브제다. 물살을 가르며 지나는 배, 큰 감흥 없이 보아오던 용두산공원과 부산타워, 도선장 자리에서 보이는 자갈치시장과 공동어시장, 영도대교를 비롯해 주변에서 막 새로운 흐름으로 유명세를 크게 얻고 있는 흰여울마을이나 삼진어묵까지 무엇 하나 허투루 보이지 않는다. 모든 것이 오랜 시간 동안 서민들이 삶을 꾸려온 터전이자 애환의 장소들이다. 역사의 격랑 속에서 가족들과 뿔뿔이 흩어지고 천리타향 낯선 곳에서 하루하루의 밥벌이를 해결했던 이들의 이야기는 초라하고 볼품없는 것이 아니라 오히려 지금 이 시기에 새삼스레 되새겨야 할 옹골찬 인간의 힘과 의지의 증거다.

대평동 연가 1

박현주 〈문예수첩〉 (2010)

덜 깬 잠으로 낮게 앉는 구름
해독되지 않은 조선소의 아침이
어깨 위 내리는 우기를 털어낸다

온기 없는 사물함
벗어 놓았던 부적을 입는다
무거워진 발걸음
한 뼘 슬렁 흘려진 바지
텅텅텅 울던 하루가 걸어간다

트럭이 간간이 실어 나르는
용접된 저녁
붙여 놓은 파스를 떼어 내는 알싸한 퇴근길

'대평동 연가'의 '연가(戀歌)'는 '사랑하는 사람을 그리워하며 부르는 노래'가 아니라, '대평동'에 얽힌 끈적끈적한 삶의 애환과 가슴 아픈 기억들을 떠올리고 있다. 영도구 '대평동(大平洞)'은 '대풍포(大風浦)'라 불리다가, 파도와 바람이 잔잔하기를 바라는 뜻에서 '풍(風)'을 '평(平)'으로 바꾸었다 한다. 우리나라 최초 '조선소'가 세워진 곳으로 '한국근대 조선발상지(造船發祥地)'의 기념비가 있다.

간밤의 마무리 술이 채 '해독되지 않은 조선소의 아침'은 '사물함'에 '벗어 놓았던' 작업복 (사고와 재앙을 막기 위한 '부적'이 들어 있는)을 갈아입는 것으로 시작된다. '텅텅텅' 철판 두드리는 소리와 온갖 굉음, 기름 냄새, 여기저기 용접봉에서는 끊임없이 피어오르는 불꽃, 한여름이 아니라도 줄줄 흐르는 땀방울들, '한 뼘 슬렁 흘려진 바지'를 추스르며 '파스' 냄새의 '알싸한' 저녁을 맞는다.

오정환·시인 -출처: 2015.10.07 부산일보 30면 〈맛있는 시〉

2

풍랑을 피하던 포구에서 드넓은 평지로

대평동은 워낙 독특한 지형과 오랜 역사를 가지고 있어서 남아있는 동네의 이름도 여러 가지다. 18세기 일본 지도에 보면 이 지역이 주빈(洲濱)이라는 이름으로 기록돼있는데 1910년 지도를 보면 주비(洲鼻)로 변경되어 있다.

■ 주갑과 갑정, 풍발포와 대풍포

대평동의 옛 명칭으로 가장 널리 알려진 주갑(洲岬)은 1911년부터 본격적으로 사용된 것으로 보인다. 주와 갑이 합쳐진 이름으로, 주(洲)는 파도가 밀려올 때 바다 밑 조개껍데기들이 부서져서 육지면에 모여 모래톱을 형성한 곳을 말하는데 지금의 대평남로 선진엔지니어링 공장 해변으로 추측된다. 갑(岬)은 반대로 돌들이 파도와 싸우다 만들어진 공처럼 된 돌무더기 동산으로 섬에서 제일 높은 지대를 말한다. 재야사학자 정종필은 대평동에서 가장 높은 지역이 하수도의 물 흐름으로 보아 대평로 2가 161번지 근방일 것으로 추측한다. 1932년 11월 1일, 영도다리 공사 당시 동아일보 신문기사에서도 이 동네를 주갑이라 적고 있다.

일제강점기에는 영도 서북쪽을 매립하면서 이 지역을 갑정(岬町)이라고도 불렀는데, 매축 되기 전의 지형적 특성에서 이름 붙여진 것이다. 이후 1947년 주소가 개정되면서 대평동이라는 이름이 되었다.

한편, 바람이 이는 것처럼 기운차게 일어난다는 뜻으로, 풍발포(風發浦)라 불리기도 했다. 매립 이전에는 지형이 만(灣)의 형태를 지니고 있어 바다가 거센 파도를 만들어낼 때 어선들이 풍랑을 피해 머물기 좋았는데 그래서 '바람을 기다리는 포구'라 하여 '대풍포(待風浦)'라 불리기도 했고 그보다 옛날에는 바람을 피하던 갯가였다는 뜻에서 '대풍개'라 불리기도 했다. 대평동 끝자락과 남항동 사이에 있어서 동, 서, 남의 3면이 육지로 둘러싸인 호안으로 풍랑에 대피하기 좋은 포구였던 것이다.

■ 물 반, 고기 반이었던 풍부한 어장과 일본어선들의 침략

이 마을의 남항동 일대, 석말추 앞바다는 청어가 많이 나는

중요한 어장으로 유명했다. 근처 지금의 청학2동 동사무소 일
대 넉섬바위 앞바다도 광암어장이라 불리는 유명한 어장이었
고 특히 멸치 어장이 발달했었다. 이 부근의 어장이 풍부했던
이유는 동해안과 남해안이 분기되는 곳으로 해류가 교차하고
수풀이 많았기 때문이었다. 지명과 구전을 통해 확인해 보면
대구, 청어, 갈치, 멸치, 오징어, 복어 등 다양한 어종이 주변
바다에서 잡혔던 사실을 알 수 있다. 영도에서 멀리 나간 바다
는 '물 반, 고기 반'이라는 말을 들은 어장으로, 오징어와 갈치
가 많이 잡혀 1960년대 초반까지 송도에는 갈치어장이 성황을
이루었다. 동삼동 일대에서는 갈치가, 아치섬 부근에서는 대
구가 많이 잡혔다.

이처럼 어장이 풍부하다 보니 개항 이후 일본인 어부들이 몰려오지 않을 수 없었다. 고종 13년이던 1876년 부산항이 개항되면서 이곳은 일본 어선의 어업 전진 기지가 되었다. 몰려든 일본 어선들은 동해안과 남해안까지 출어하였으며, 1880년대 '한일통어장정'과 '한일어선규칙'은 더욱 활발하게 이 지역 어장을 공략할 수 있는 좋은 빌미가 됐다. 매축 이전부터 일본 어선단에게 대평동은 정박지로 기능했고 일본 선박이 모여들다 보니 조선소나 선박 관련 업종도 집중하게 됐다. 1887년 이후 대풍포 갯가 일대에 일본인 조선소가 하나 둘 들어서면서 일본 조선업체들은 대풍포를 확실히 그들의 전용 선착장으로 만들 궁리를 한다. 1905년 이후 '이주어촌' 건설로 10년 사이 2배나 증가한 일본 어부들로 인해 조용하던 섬은 수십 개의 음식점에 유곽까지 들어선 번화가로 발달했다. 영도는 일본 어민들의 최대근거지가 되었고 그로 인해 영도어장은 순식간에 쑥대밭이 되었다. 조선 어민들과 수시로 마찰이 일어났는데 어장을 차지해 고기의 씨를 말리던 일본인들은 차차 공업이 발달하자 대규모매립공사를 벌여 매립지에 공장을 짓기 시작했다. 특히 1887년부터 '다나카 조선소'가 일본형 발동기선(發動機船)을 건조하기 시작한 대평동은 조선업의 중심지가 되었

釜山府轄圖

圖全府山釜

縮尺壹萬分之一

주갑이 표기된 부산부전도 (1928년)

다. 이후 영도의 어장들은 점차 사라졌고, 현재는 그 자취조차 찾을 수 없게 되었다. 일제강점기 일본인들의 수산침탈이었다.

그즈음 구한국정부의 고관이 일본으로 건너갔다가 돌아와 부산에 머물고 있었는데 부산주재 일본영사가 대풍포 일대 사용을 이 고관에게 간청했다고 한다. 그러자 그 고관은 토지의 소유관계도 확인하지 않은 채 구두로 사용을 허가했고 이에 한국인 소유주들은 졸지에 소유권을 빼앗기고 만다. 항의를 해봐도 정부 고관이 한 일이라며 동래부에서도 발뺌을 했고 토지소유 증명서를 발급받아 한양으로 올라가 정부 당국에 소원하였으나 정부 역시 모르는 일이라며 외면했다. 결국, 한국인들은 대풍포 일대의 개인소유 토지를 모두 일본인 전관거류지에 빼앗기고 말았으니 한심한 일이었다.

■ 버선 모양 매립의 역사

18~19세기 대평동 지도를 보면 대평동은 원래 지형이 완만

1910년 중구에서 바라본 대평동

한 풀밭이었던 것으로 추측된다. 대평동이 지금처럼 버선 모양의 지형이 된 것은 1931년부터 1934년까지 영도다리 건립 공사와 함께 진행된 해안 수면 매립 이후이다. 당시 한국이동통신 영도점과 한국골프연습장 일대 등(지금의 한밭길과 풍밭길 사이의 땅)을 매립했다. 원래 이 마을은 남항동 끝자락 호안을 둘러싸고 바다로 뻗어 나온 낚싯바늘 모양을 닮은 큰 사주 상에 있어 호안이 포구로 이용되었다. 매립되기 전까지만 해도 영도에서 남포동 쪽으로 뻗어 나온 하나의 큰 사주로서, 낙동강 하구에 발달한 을숙도와 같은 모래섬에 지나지 않았

다. 매립지가 조성되며 해안가의 넓은 평지로 변한 것이다. 남
항동과 경계를 이루고 있는 지금의 대동대교맨션이 위치해 있
는 14통을 비롯해 15~19통 일대는 100년 전만 해도 바다였다.

　이 매립공사는 1916년부터 1926년까지 있었던 대풍포 매립
공사에 이은 2차 공사였다. 1차 매립공사 이후 약 15년간 큰
변화가 없다가 다시 1930년대 중반 영도대교 준공시기 2차 매
립공사를 통해 현재의 모습에 가까운 매립이 이루어졌다. 따
라서 대평동의 매립만 놓고 봤을 때는 크게 1910년대의 매립
을 1기 매립, 1930년대 중반 이후의 매립을 2기 매립이라 구
분할 수 있다. 1876년의 개항과 더불어 이 지역에 일본 선박의
왕래가 급증했는데 지금의 동광동 부산데파트 부근에 있었던
초량왜관의 선창으로는 감당할 수가 없었기 때문에 일본으로
서는 어선을 비롯한 작은 배들은 왜관 맞은편인 지금의 대평
동에 정박해 급수, 피난, 건조, 수리 등의 일을 볼 수 있도록 조
치가 필요했다. 대풍포매립공사(大風浦埋立工事)가 본격화된
것이 이맘때였다. 1916년에 착공한 이 1차 매립공사는 지금의
조선공사와 영도대교 사이 입구를 포함한 대평동과 남항동 일
대 포구 132,600㎡ (40,200여 평)을 매립하고 1926년 6월 준

공했다. 그 매립기념비가 영도대교를 건너 대평동으로 들어오는 입구에 세워져 있다. 부산시가 1983년 2월에 세운 것으로 높이 1.6m, 폭 1.5m 규모의 화강암으로 되어있다.

1920년대에는 대평동 일대뿐 아니라 부산 곳곳에서 매립 공사가 성행했다. 1910년의 대평동 지도를 보면 개발 이전 상태보다 해안선이 많이 후퇴하여 부산역 및 경부선철도공사 등 많은 개발 사업에 이곳의 모래가 유출되었음을 짐작하게 한다. 대평동이 지금과 같은 모습으로 만들어지던 1930년 전후에는 유흥시설도 밀집하기 시작해 부산 전체에서도 손꼽힐 만한 번화가가 되고 1938년에는 대평동 1가와 남항동 사이의 뱃길이 매립되면서, 섬에 가까웠던 이전의 지리적 특성은 완전히 사라지게 된다.

■ 석견정(汐見町)에서 영선리를 거쳐 대평동까지

대평동이 속한 지역은 1910년 동래부 사중면 영선리에서 부산부 사중면 영선리로 개편되었으며, 1916년부터 1926년까지 일본인 오자와[小澤]가 대풍포 해안을 매립하여 주택지와 용지를 조성했다. 인근 바다를 매립한 뒤 일본식 동명으로 석견정(汐見町)이라 불렀다. 항만의 면모를 갖추게 됨에 따라 일본 어민들의 어로 본거지가 되었고 어묵과 왜간장이 여기서 퍼져 나갔으며 중소 조선소와 선박 수리 업체들이 집중적으로 들어섰다.

1925년에는 영선리가 영선정(瀛仙町)으로 개칭되었고 1944년 영선정이 6개 정(町)으로 분할되며 갑정(岬町)이 되었다. 광복 이후 1947년 일본식 동명을 우리 동명으로 개칭 때 파도와 바람이 잔잔해지길 바라는 뜻에서 풍(風)을 평(平)으로 바꿔 대평동이라 부르게 되었으며 법정동으로 대평동1, 2가가 있다.[2]

1949년에는 부산부가 부산시로 승격했고 1951년 영도출장소가 설치되었으며, 1957년에는 영도출장소가 영도구로 승격했다. 1963년에는 부산시가 부산직할시로, 1995년에는 부산직할시에서 부산광역시로 승격하며 현재의 정식 행정명칭인 부산광역시 영도구 대평동 1·2가가 되었다. 대평동은 일제강

2) 홍성권,"부산항 역사 중심에 영도가 있다 - 영도 남항동", 한국일보, 2016년 5월 31일

점기부터 현재까지 산업화와 부산항 개발 등 워낙 급속한 변화를 겪었기 때문에 옛 모습을 실제로 찾아보기는 어렵고 다양한 지도와 자료들을 통해 미루어 짐작해볼 수 있을 따름이다. 이와 관련한 부산대학교 정재훈 교수님 연구팀의 자료를 이 책의 뒷부분에 에필로그로 실었다.

3

역사의 격랑 속, 바다를 건너온 사람들

영도는 다른 지역 사람들뿐 아니라 부산 사람들에게도 유난히 거친 이미지로 각인돼있다. 영화 〈친구〉를 떠올려보면 쉽게 이해될 것이다. 영도에서 가장 유명한 산이 봉래산인데, 예전에는 이 산도 '고갈산'이라 불렀다. 어딘가 거칠고 척박한 느낌을 풍기는 이름이다. 일본인들이 붙인 이름이라 쓰지 말자는 주장도 있지만 한 번 입에 붙은 이름은 쉽게 떨어지지 않는다. 시간의 힘은 무섭고 아픈 역사도 역사인지라 이제는 오히려 익숙하고 정겹다. 고갈이라는 말은, 말 그대로 모든 것이 없어진다는 의미다. 흔히 자원이 고갈됐다고 할 때 쓰는 그 단어다. 일본인들은 드세고 우렁찬 봉래산의 기운을 두려워했고, 그래서 그 기운을 없애기 위해 이런 이름을 붙였다고 전해진다. 사람들 사이에서는 이 봉래산(고갈산) 할매신이 영도에 한번 인연을 맺고 살게 된 사람들을 떠나지 못하게 했고 떠났다가도 결국에는 영도로 다시 불러들인다는 전설이 전해진다.

"내가 살았던 감만동도 상당히 거친 동네였는데, 영도는 더한 느낌이었어요. 우리 때는 봉래산이 아니라 고갈산이라 불렀는데 일본 사람들이 붙인 이름이지만 더 정겹습니다. 고갈이란 말은 말 그대로 다 없애버린다는 것이니 일본놈들이 이름을 붙여도 참 더럽게 붙인 거죠. 봉래산 지세가 워낙 세니 그런 이름이라도 지어서 누르고 싶었을 겁니다." - 소설가 문호성

■ 말들만 뛰놀던 무인도에 불어 닥친 임진왜란의 파도, 그리고 바다를 건너온 사람들

영도가 가진 거친 이미지와 봉래산 할매신의 전설은 지금도 그대로 이어지고 있다. 영도와 대평동이 겪어온 역사를 가만히 살펴보면 현실에서도 그처럼 거칠고 드센 역사의 격랑을 헤치고 지금에 이르렀음을 알 수 있다. 만약 어떤 동네에도 팔자라는 것이 있다면, 대평동의 팔자는 무난하다기보다 억세고 기구한 편이랄 수 있겠다.

영도에는 원래 신라시대부터 조선 중기까지 나라에서 경영하는 국마장(國馬場)이 있었다. 최고의 명마들만 있어 이 말들이 달릴 때는 그림자가 물에 비칠 새도 없었고 자신의 그림자조차 끊어낼 만큼 빨리 달렸다 하여 끊을 절(絶), 그림자 영(影)을 써서 절영도라 불렀다. 지금의 영도라는 지명도 여기서

유래한다. 그래서 목초지도 많았는데 이때까지는 사람보다는 말이 더 많았던 마을이었다. 일반 주민들이 많이 거주하는 동네는 아니었다는 것이다.

대풍포는 조선 중기 이후, 더 정확하게는 임진왜란 이후 두모포 왜관이 설치될 때까지 임시 왜관이 생기면서 서서히 마을로서의 틀을 갖춘 것으로 추정된다. 왜관이라고는 하지만 처음 이 마을로 들어온 사람들은 대개, 임진왜란 때 일본으로 끌려간 조선인들이 되돌아온 것으로 짐작된다. 임진왜란은 1592년 4월에 일어났는데 그때 왜군이 처음으로 조선 땅에 들어와 부산진성을 함락하게 된 통로도 이곳이었다. 부산진성 함락은 조선으로서는 첫 패전이었고 이후 7년 동안 전국은 아수라장이 되었다. 하지만 왜군이 쳐들어오고 4개월 뒤인 8월에, 이곳에서는 그 유명한 부산포해전이 벌어진다. 그동안 여러 전투에서 승리를 거듭하며 다시금 남해안을 장악하기 시작하고 있던 이순신 장군이 이곳으로 향했던 것이다. 당시 전라좌수사였던 이순신 장군은 왜군의 근거지인 부산을 공격함으로써 본국과의 연락과 군수지원을 중단시키려고 했다. 8월 24일 부산포로 향한 이순신은 9월 1일, 낙동강 하구를 거쳐 부산포와 절영도 앞바다에서 정박해있던 왜군 함대를 기습해 100여 척을 대파하는 큰 승리를 거둔다. 이 승리는 일본군의 사기를 결정적으로 떨어뜨리는 한편 조선군이 남해상을 완전히 장악하게 된 계기가 되었다. 부산시는 이날을 기념해 시민의 날로 제정했다. 지금도 부산 시민의 날은 10월 5일인데, 이는 당시 음력 9월 1일을 양력으로 환산한 날이다.

　임진왜란은 조선과 일본 양국 관계를 되돌리기 어려울 만큼 악화시켜서 7년간의 전쟁이 끝난 이후 양국 관계는 험하기 그지없었다. 하지만 일본 본토와 부산 사이에 위치한 대마도 입장에서는 이런 상황이 생존과 직결되는 문제였다. 부산과 가까운 대마도는 양국의 국교가 단절되자 경제적으로 극심한 곤란을 겪게 되어 전쟁 직후부터 조선과 다시 국교를 재개하기 위해 총력을 기울이기 시작했다. 한때 대마도는 조선의 경상도에 소속된 적도 있었을 만큼 산이 많고 평지가 부족해 대부분의 식량을 조선으로부터 조달하고 있었기 때문이었다. 일본이 대마도 도주를 통해 첫 강화요청사를 보낸 시기도 1598년 12월로 임진왜란에서 패해 철수한 뒤 불과 한 달 뒤였다.

처음으로 부산에 온 강화요청사는 7년 전쟁의 후유증으로 고통 받으며 왜인들에 대한 반감이 극에 달해있던 조선인들을 피해 밀사처럼 비밀리에 조심스럽게 잠입했다. 그러나, 이들은 다시는 대마도 땅을 밟지 못했다. 이후에도 국교 재개를 위한 왜인들의 시도는 계속됐는데 결국 3차까지의 밀사가 모두 조선에 들어와 살해당하고 다시 돌아가지 못하는 운명에 처했다. 7년 전쟁이 끝난 지 불과 한 달밖에 지나지 않았던 시기였으니, 조선인들이 왜인들에게 증오와 분노의 감정을 채 추스르지 못했던 것도 이해가 간다. 그런데 여러 문헌을 통해 확인할 수 있는 사실 중 하나는, 부산포로 잠입하던 밀사들이 정박지를 대풍포로 정하고 이 부근에 대한 항해 경험이 있으면서도 조선말에 능통한 이들을 뱃길의 안내자로 삼기 위해 일본으로 납치되어갔던 조선인 포로들을 활용했다는 점이다. 이른바 '사츠마보리'로 불리던 이곳으로 송환된 조선인들은 고향으로 돌아갈 때까지 임시 숙소가 필요했고 이후 그 규모가 확대되면서 이들을 위한 거주지역도 점점 넓어졌을 것으로 짐작된다. 또한, 일본으로 끌려갔던 가족이 다시 조선 땅으로 들어왔다는 소식을 들은 다른 가족들도 이곳을 출입하면서 점점 마을로서의 틀을 갖추게 하는 데 이바지했을 것이다.

■ 절영도 왜관과 마을의 형성

부산 초량 일본 거류지

 전쟁이 끝난 지 얼마 지나지 않은 시기였긴 하지만, 조선 정부로서도 계속해서 교섭을 원하는 왜인들의 요구를 무시하기가 쉽지 않았다. 특히 왜구가 되어 조선의 남해안을 침략하는 왜인들을 어떻게 처리할 것인가 하는 문제도 골치였다. 그래서 결국 조선 정부는 이들을 순화하기 위해 왜관을 설치하고 정식으로 무역을 하도록 유도하기로 결정한다. 계속 국교가 단절돼있으면 틀림없이 이들은 왜구가 되어 목숨을 걸고 노략질을 할 것이 뻔했기 때문이었다. 임진왜란을 떠올려보면 다시는 상종하고 싶지 않은 이들이었지만 무턱대고 막고 있을 수도 없는 딜레마에 빠졌던 조선은 결국 부산에 일본인이 머물 수 있도록 허가해주었는데 그것이 임시왜관이자 임시 왜관이었던 절영도 왜관이었다. 지금의 대평동 자리로 한양에서 가장 멀리 떨어진 곳이라는 점과 대마도에서 가장 가까운 곳이라는 두 가지 측면이 동시에 작용한 것으로 보인다. 왜인들에게도 사람의 인적이 거의 없는 무인도나 다름없던 이곳은 무엇보다 조선 백성들의 적개심을 피할 수 있는 안전한 곳이었다. 1601년, 선조 34년의 일이었다.

  절영도 왜관의 자리가 지금의 한진중공업 부근이라는 설도 있고 대평동 2가라는 설도 있지만 1936년 발행된 〈부산부사 원고〉에는, '절영도 왜관지는 사쓰마보리(薩摩堀)의 남동 일대 구릉에 있었던 것으로 추정된다'는 기록이 있다. 일제강점기 부산항 지도에서 사쓰마보리라는 지명은 대평동 2가에 있었던 것으로 나온다. 임진왜란 당시 사쓰마(薩摩·가고시마의 옛 지명) 수군이 군선을 정박시키기 위해 해안을 준설해 만든 포구(사쓰마보리·薩摩堀)가 있던 자리라서 그렇게 불렸다. 한편, 무인도에 가까웠던 이곳에 이미 많은 왜인이 오가고 있었다는 기록도 남아있는데 〈선조실록〉을 보면 1593년과 1596년에 이미 절영도가 왜인의 거점으로 둔갑되어 있었음을 확인할 수 있다. 그래서 왜인들에게는 대평동이 상대적으로 안전하고 익숙한 곳이었을 것이다. 1611년에 기록된 조선의 고문서에는 '과거 왜관을 육지가 아닌 절영도에 두었는데, 이것은 참으로 편리하고 동시에 국가의 백년대계이다. 이를 육지에 두는 것은 매우 귀찮은 일'이라고 적고 있다. 왜관은 자기나라 사람 외에는 철저히 출입을 통제했는데 당시 지형으로는 대평동이 그처럼 격리할 수 있는 장소로 최적지였던 것으로 사료된다.

　절영도 왜관은 선조 34년부터 40년까지, 즉 1601년부터 1607년까지 약 7년간 운영되었다. 이후 1609년, 도쿠가와 250년 동안의 수교를 보장하는 기유약조(己酉約條)가 정식으로 맺어지면서 조선에서도 육지에 정식 왜관을 만들었다. 지금의 동구청 자리에 정식으로 들어선 두모포 왜관이다. 그리고 다시 70년 뒤인 1678년에는 지금의 용두산공원 주변 초량 왜관으로 옮겼는데 절영도 왜관은 이러한 왜관 280년 역사의 시작이었다.

■ 육지가 감당할 수 없는 역사의 압력을 대신 품어 안은 역설의 마을

　임진왜란으로 시작된 대평동의 역사는 이후에도 오랫동안 일본의 영향을 피하지 못하고 어떤 의미에서는 강제적 근대화가 이루어지지만 대체로는 수탈의 중심지가 되어 변방으로 밀려난 사람들의 근거지가 되었다. 일제의 전관교류지로 기능하다 조선소와 공장이 들어섰고 해방 이후에는 광복과 피난을 거치며 오갈 곳 없는 사람들이 최종적으로 도착한 곳이 이곳이었다.

　말을 키우던 무인도에 바다를 건너온 사람들이 처음으로 형성한 마을, 임진왜란 때 끌려갔던 조선인들이 되돌아온 마을, 한국 최초의 왜관이 만들어진 마을, 일제강점기 때도 마찬가지고 이후 한국전쟁 때도 가장 변방에 있었던 사람들이 전국 팔도에서 몰려온 마을, 산업화시대 원양어선을 타거나 기타 일자리를 위해 제주나 전라 등지에서 몰려왔던 사람들, 세계화 시대라는 지금 역시 러시아를 비롯한 이주노동자들이 모여들고 있는 마을, 그곳이 이곳 대평동이다. 이 변방의 사람들에 주목하는 것은 인문학이 강조되는 오늘날의 시대정신과 조응하는 일 아닐까. 이들의 삶의 방식으로부터 지금 우리 시대가 맞닥뜨린 한계를 극복할 수 있는 힘을 찾아볼 수 있지 않을까.

굳이 의미심장하게 해석해보자면 육지가 감당할 수 없었던, 시대가 채 보살피지 못했던 사람들을 품어 안은 곳 또한 이곳 대평동이라고 할 수 있는 것이다. 역사의 격랑 속에서 중앙의 손이 닿지 않아 보호받을 수도 없었던 고립된 공간. 하지만 바로 그런 이유로 시대가 감당하지 못했던, 육지가 감당할 수 없었던 역사의 압력을 대신 품어 안은 역설의 마을. 깡깡이마을은 그렇게 역사의 변방으로 밀려난 사람들이 모여 나름의 방식으로 삶을 꾸려왔기에 육지의 문법과 논리로는 해석 불가능한 새롭고 낯선 패러다임의 가능성을 갖게 되었다.

4

한국 근대의 압축판,
일제강점기와 한국전쟁을 거치며

부산의 원도심 일원은 1876년 개항과 함께 근대의 식민도시로 급격히 변화했다. 대평동 역시 예외는 아니었다. 오히려 대평동은 이러한 급격한 변화가 상대적으로 더 빠르게 진행됐던 동네였다. 도시계획에 의한 공사와 매립이 이루어지고 근대식 건축물들이 들어서기 시작했으며 전차와 자동차가 왕래하기 시작했다. 일본을 거쳐 들어온 근대식 백화점, 극장, 술집과 식당 등이 넘쳐났고 조선소와 같은 근대 산업의 씨앗이 움트기 시작했다. 해방 후에는 일본인들이 빠져나간 자리를 일본에서 돌아온 귀환 동포들과 부산 사람들이 메웠다. 한국전쟁 때는 전국 팔도에서 몰려든 사람들이 생계를 잇기 위해 이 동네를 헤맸고 곳곳에 판잣집이 들어섰는데 특히 제주에서 온 사람들이 사는 곳을 따로 제주골목이라 부를 만큼 제주문화의 영향도 강하게 받았고 이북에서 내려온 피난민들이 살던 이북동네 역시 지금의 대평동에 이북 문화를 이식했다. 그렇듯 도저한 역사의 면면을 한꺼번에 담아 상징하고 있는 것이 또한 대평동의 입구로 연결되는 영도대교다. 영도대교는 식민지시대로부터 한국전쟁, 산업화과정을 거쳐 오늘에 이르는 지난 100여 년 한국 근현대사가 녹아있는 상징과도 같다.

"대평동 이북동네 쪼금 내려가다 보면 오른편에 빈 공터 하나 있잖아? 주차장같이 된 공터. 약간 경사 오르막이고. 그쪽을 옛날에는 제주골목이라 했다니까? 골목 자체 이름을, 제주사람들이 많이 살아서 제주골목이라 했어. 여기도 이북동네라고 하듯이, 거기도 제주골목이라. 조선소 있잖아? 이북동네. 그 도로에서 자갈치 쪽으로 내려가면 오른쪽에 빈 공터 있잖아? 바로 거기서 자갈치 방향 조금 지나면 고 옆에 골목이 하나 있어. 그쪽이 제주골목이라. 제주 사람 많이 살았어. 지금은 다 나가고 없고, 집이 다 비어 있지. 빈집들이고... 그래서 제주골목에 지금은 몇 사람 없지 싶어.

(제주 사람들이 많은 이유가 있나요?) 영도가 바다를 끼고 있으니까, 해녀들이 잠수해서 전복 해초류 같은 거 따와서 생활을 했지. 바다를 끼고 있으니 해녀들이 많이 왔어. 지금도 저쪽으로 가면 해녀들 있잖아? 여기서 있던 사람들이 거기 가서 해녀질하고. 저쪽 있던 사람들이 제주도 있던 사람들이 다 그래 하고 있었어. 골목 자체도 제주골목, 제주 사람들 있던 자리야." - 대평동마을회 박영오 부회장

■ 개항기부터 시작된 전라도와의 교류,
이후 모여든 제주와 이북 사람들

대평동에는 여러 지역 사람들이 한데 모여 살고 있는데, 멜팅폿이라 불리는 뉴욕처럼 이는 대다수 항구도시의 특징이기도 하다. 특히 부산은 19세기 말 개항 시기부터 전라도 나로도와 교류가 활발했다는 기록이 있다. 일제강점기에 이미 일본인 어업자본가들이 전라도에 진출하기도 했는데 이들은 주로 갯장어를 수집하고 수출했고 이들의 영향으로 전라도 사람들이 영도로 유입된 것으로 보인다.

해방 이후에도 나로도 출신 선주의 입장에서 볼 때는 저인망(고데구리) 어업법의 유지와 부산 어판장의 활용 등 판매와 어로 준비를 위해 부산의 역할이 중요했기 때문에 이들의 부산 이주는 계속 늘어났는데 이들 중 상당수가 영도로, 특히 대평동으로 유입되었다. 선주들뿐 아니라 선원들 또한 비슷한 양상을 보였는데 그래서 여객선의 왕래도 잦았다. 어민들의 직업은 대부분 세습되었고 또 영도에 먼저 와있던 친척이나 친구의 네트워크가 적극적으로 작동했기 때문에 영도로 이주해오는 나로도의 뱃사람들은 계속 늘어났다. 이들은 서로 탈 수 있는 배를 알선하거나 살 집을 구하는 데도 도움을 주고받았다. 제주향우회와 호남향우회, 기타 경북 지역 향우회가 지금도 여전히 활발히 활동하고 있는 이유이며 부산과 호남의 연결도 육로보다는 청산도나 나로도 등을 통한 해로가 먼저였던 것으로 추측된다.

대평동 이북동네 전경

해방 이후 한국전쟁과 함께 대평동은 피난민들의 공동거주지가 되었다. 1946년 이전에도 변변한 집이 없었고, 수도가 들어간 집은 8백여 호밖에 없었는데 수도가 있는 집은 높은 계층의 사람이 사는 집이었다. 전쟁과 함께 이곳으로 흘러들어온 실향민들은 피난민촌에서 집을 만들 수 없어 쌀 포대를 세우고 천막을 치고 살았다. 사람들도 쌀 포대를 세운 그곳을 보금자리로 생각하면서 살다가 나중에 터를 잡은 후 흙으로 집을 짓고 살았으며, 엿을 떼어다 팔거나 쑥을 캐 팔아 생계를 이어갔다. 한국전쟁 당시 피난민들은 4~5평(13.2㎡에서 16.5㎡)밖에 안 되는 집에서 여러 가구가 함께 살았다. 한 지붕 아래 여러 개의 방을 만들어 살았고 공동화장실을 사용했으며 집이 워낙 작아 부엌도 따로 만들 수가 없어 도로 건너편 부엌에서 밥을 지어먹기도 했다. 집의 어느 한 부분이 고장 나도 한 지붕 아래 살고 있는 다른 가구들이 반대하면 함부로 보수하지도 못해 아예 집을 떠나는 경우도 있었다.

이북동네라고 불리는, 이북에서 온 피난민들이 주로 모여 살던 마스텍 중공업 사무실 근처 동네의 경우도 그렇게 많은 이가 이사를 했고 지금은 빈집이 많다. 이북에서 온 이들 중에는 특히 함경도 출신이 많았다고 하는데 이들을 위해 영선동, 대평동 공지에는 미군 물자로 24인용 판잣집 수용소 4~5 가옥을 짓기도 했다. 부두에서 나온 판자가 많았던 것도 도움이 되었다. 또 영도다리 아래에는 수천 명이 모여 살던 교하촌(橋下村)도 있었는데 이곳에서 고(故) 장기려 박사가 천막의 복음병원을 열고 인술을 펼치기도 했다. 그러던 중 약 600세대 규모의 피난민촌 화재 참사로 대거 이재민이 발생하면서 주거지역의 낙후는 갈수록 심각해졌다.

전쟁이 끝난 뒤인 1960년대에도 거리에는 여전히 실업자와 상이군인들이 넘쳐났다. 1970년대 들어서는 대평동과 남항동 해안가에 자리 잡은 조선소에서는 낡은 배의 녹을 털어내는

대평노인회 고(故) 이집윤 회장

깡깡이 아줌마들의 망치 소리가 아침부터 저녁까지 끊이지 않았고 부둣가 한 편에서는 약장수가 사람을 모아놓고 차력시범을 보여주거나 북 장단에 맞춰 노래를 부르며 약을 팔았다.

■ 주민들의 기억 속에서 여전히 살아 숨 쉬는
   일제강점기와 한국전쟁

  현재 마을을 있게 해준 많은 선대 분들이 계시지만 대표하여 소개해드릴 분은 고(故) 이집윤 회장님이다. 회장님은 일제강점기였던 1923년에 태어나셨으니 이후의 일들을 모두 보고 겪으시며 오늘에 이르렀다. 지난 10월, 깡깡이예술상상마을 사업단이 마련한 문화사랑방 자리에서는 마을 사람들도 모르는 깡깡이마을의 소소한 이야기들을 담담한 말투로 들려주시기도 했다. 1982년, 대평동 동장으로 마을 일에 첫 발을 딛게 된 후 1986년 정년퇴직을 한 곳도 문화사랑방이 펼쳐진 바로 그곳 경로당이었다. 동장으로 지내던 시절에는 60년대 불하받았던 마을 땅 300평의 등기를 대평동 마을회 앞으로 완료하여 이 땅이 법적으로도 대평동민 공동명의가 될 수 있도록 하는 데 애쓰기도 했다. 마을의 가장 연장자인 고(故) 이집윤 어르

신 외에도 이 마을의 웬만한 어른들은 한결같이 한국의 근현대
사랄 수 있는 일제강점기와 한국전쟁 당시를 어제 일처럼 기억
하고 있기에 당시의 일들을 살아 숨 쉬는 언어로 들려준다.

　일본에서 태어나 학교에 입학한 지 3년째 되던 해 해방을 맞
았다는 신말순 어르신도 그중 한 분이다. 해방과 함께 고모가
살고 있던 대평동으로 왔고 이후 줄곧 살고 있다. 할머니는 부
모님들이 이곳에서 고생하셨던 일과 아이들을 봐주면서 밥을
얻어먹었던 일들, 남항동 피복창에서 일이 많아 며칠을 밤새
일하던 기억 등 못살고 힘들었던 지난 시절을 여전히 모두 몸
과 마음에 담고 계신다. 구의회 의장을 지낸 올해 일흔두 살의
박대수 어르신도 1951년 1.4 후퇴 때 어머니와 함께 모자간에
대평동까지 오게 된 케이스다. 이북에서 거제도를 거쳐 화물
선을 타고 대평동까지 왔다.

　"그땐 여기, 피란민들 몰려와서 전부 다 판자촌이었지. 먹고
살려고 다들 장사하고, 집도 여기저기 짓고 살았지. 밥도 못
묵고 살 땐데 대평동 저쪽 경희목재란 데서 나무 껍데기 벗겨
서 죽 끓여 먹고 했다고. 숯이랑 장작은 육지에서 오고 밥 지

을 때는 쌀을 바닷물로 씻고 안칠 때만 민물을 써서 짭짤한 밥맛이 나기도 했고. 북한보다 지엔피가 낮았던 시절이야. 그럴싸한 집은 꿈도 못 꾸던 시절이지. 판자촌에서 대부분이 식당 장사를 했다고. 천막 짓고 대충 해가지고."

- 삼영상회 앞 장실근, 전승갑

"6.25사변 때 이북에서 내려온 사람들이 살 데가 없으니까 산 중간에 높은데, 대평동이나 용두산 공원 그런데 피난 많이 왔잖아. 요 위에 선진종합 하는 옆에 배 타는 데가 있거든. 피난민들이 전부 거기서 천막치고 산 거야. 그러다가 거기 밤에 불이 났어. 여기까지 다 타버렸어. 그래가지고 새로 집을 다 지었지." - 대평노인회 김성호 부회장

"대평동을 죄다 휩쓸었어. 옛날 국제시장 대화재 때 같이. 하꼬방(판잣집) 집이고 뭐고 그때는 슬라브 집이 없었어. 전부 나무로 된 집이었지. 전부 다 타가지고, 대평동 일대가 불바다가 된 거야. 살림이고 뭐고 하나도 못 챙겼지. 요 밑에 대동맨션 고 밑에부터 대평동 끝까지 불 다 났어."

- 삼영상회 앞 전승갑

"그게 1953년인가 그럴 거야 아마. 그때 내가 열 살이 채 안 됐을 때였는데, 대평국민학교 자리 가보니까 천막 쫙 쳐놓고 한쪽에는 군인들이 있고, 한쪽에는 사람들이 쭉 있더라고. 완전 여기 판자촌이었지. 천막 쳐놓고, 그 밑에 가마니 같은 것 깔고… 그러니까 비가 오면 아예 잠자기는 어렵고 그릇 받쳐놓고 한쪽에 쪼그려서 잠들었지. 국민학교 6학년 때는 전국 각 학교에서 고철을 모았거든. 없는 사람들한테 우윤가 밀가룬가 준다고 해가지고 걷고 막 그랬는데 한 번은 영선국민학

전 영도구의회 의장 , 전 대평동마을회 회장 박대수

교에서 폭탄이 터진 일도 있었어. 어떤 애들은 고막 터지고 죽기도 하고 그랬지. 1957년쯤 될 거야. 고철 갖다 주면 먹을 거 주니 막 주워가는데 그게 폭탄인지 뭔지 알 길이 있나. 애들이 막 두드리고 장난치고 그러다가 터진 거지. 고철 모으는 과정에서 폭탄이고 뭐고 같이 막 섞이는 거야. 어릴 때 총알도 가지고 놀았거든? 폭탄 큰 거는 잘라가지고 재떨이도 만들고... 옛날 경희목재소 할 적에, 그 담벼락 앞으로는 또 전부 다 빵집이었다고. 미군 부대 밀가루로 빵 만드는 집이었지. 서로 사기치는 일도 비일비재했고... 여긴 이북 사람들이 많았지. 부산 시내 전체가 그렇기도 했지만 저 영선동, 청학동, 신선동 전부 다 이북 사람들이었지 뭐."

- 박대수 전 영도구의회 의장

동네 속의 작은 동네, 대평동 이북동네 이야기

김수영 (한국해양대학교 4학년)

　이북동네에 가면 미로와도 같은 좁은 골목, 한 지붕 아래 다닥다닥 붙은 4~5평 크기의 방, 재래식 공동 화장실이 있습니다. 비어있는 집들은 오늘날 조선소 노동자들의 탈의실로 간간히 이용될 뿐입니다. 6.25 전쟁 때 이북에서 피난 온 사람들이 모여 살았다고 해서 붙여진 이름 '이북동네'. 30년 이상 이북동네에서 살아온 권정자(83세), 이득례(69세), 박양단(90세) 어르신의 이야기를 통해 그 시절 속으로 걸어 들어가 봤습니다.

　6.25 전쟁으로 17살에 남으로 내려온 권정자 어르신의 고향은 함경남도 북청군 신창면입니다. 피난 내려온 후 포항에서의 생활도 잠시, 영도 대교동에서 살다가 21살에 결혼해 대평동 이북동네 자리에 27만 얼마를 주고 하꼬방을 사서 신혼집을 차린 후 줄곧 이곳에 살았다고 합니다. 고향 사람들이 많이 거주한다는 말에 자연스럽게 이북마을에 정착하게 되었는데 벌써 50년이 훌쩍 넘었다고 하는데요. 50년대 영도에는 꽤 많

은 이북사람들이 있었다고 하는데, 어렴풋하게 기억하기로 이북동네에는 열 몇 가구 정도 있었다고 합니다. 그렇게 대평동이라는 공간 속에 또 하나의 작은 동네가 생겨난 것입니다.

오늘까지 이북동네라는 이름으로 불리고 있지만, 이북사람만 살았던 건 아닙니다. 경남 통영이 고향인 이득례 어르신은 15살이던 1962년에 선장으로 근무하시던 아버지를 따라 대평동으로 이사를 왔습니다. 대평동 이곳저곳에 살다 이북동네에 정착한 후로 35년째 살고 있습니다. 자신처럼 이남 사람 중에서도 이북동네에 살던 사람들이 꽤 있었는데 주민 간에 사이가 참 좋았다고 합니다.

전라남도 완도가 고향인 박양단 어르신은 목수일로 먼저 부산에 와 있던 남편을 따라 26살에 대평동에 왔습니다. 80만 원을 빌려 이북동네에 있던 4평짜리 방을 구입합니다. 당시 이북동네에는 피난민들이 상당히 많았고, 한 칸짜리 방조차 얻지 못해 난리가 날 정도였다고 합니다. 이렇게 이북동네는 다양한 곳에서 찾아든 사람들을 품어주고 정착하게 해준 제2의 고향이었습니다.

5

한국 최초의 근대식 조선이 시작된 곳[3]

남항동 대평초등학교 교정에는 '한국 근대 조선 발상 유적지'라는 기념비가 있다. 조선업계의 실업인 단체 반류회가 1989년 11월에 세운 것이다. 영도는 많은 사람이 알고 있는 것처럼 한국 조선업의 요람이며 해운입국의 모태이다. 그 중에서도 눈여겨봐야 할 것이 바로 1912년 현재 대평동 우리 조선(주) 자리에 세워진 다나카 조선소다. 한국 최초의 근대식 조선소이기 때문이다.

■ 한국 최초의 근대식 조선소

다나카 조선소는 비록 일본인에 의해 지어진 것이지만 한국 최초의 근대식 조선소로서 이후 한국의 조선 산업이 세계무대로 도약할 수 있게 한 발판이 되었다. 목선 조선소였던 다나카

3) 대평동 조선소의 역사와 일반사항은 김정하 (2013)를 참조하였음

조선소가 세워지고 50년 후인 1937년, 인근에 설립된 조선중공업주식회사(이후 대한조선공사로 바뀌었다가 현재의 한진중공업)는 한국 최초의 철강 전문 조선소로서 역시 한국의 조선 산업을 성장시킨 결정적 계기가 된 곳이다. 이 두 조선소가 모두 영도에 있다는 점은, 영도가 우리 조선 산업을 이야기할 때 얼마나 중요한 곳인지를 웅변한다. 영도는 명실상부 한국 조선 산업 부흥의 중심지이다.

1924년 다나카 조선철공소

1910년대 아들인 다나카 키요시(田中淸)에 의해 2세 경영이 시작됐는데 키요시는 1888년 1월 고베 출신으로 1897년 부산에 건너와 부친의 가업을 이었다. 해방 이후에는 미 군정에 귀속기업체로 접수 되었고 정부 수립 후 이관되어 1956년 6월에는 주두홍(朱斗洪)에게 270만 환에 불하되어 대양조선철공(주)으로 상호를 변경한 이후 구일조선, 남양 조선, 유진, SNK라인 등 여러 번 사명과 주인이 바뀐 끝에 현재는 우리 조

1926년 다나카 조선철공소 내부

선(주)으로 이어지며 그 역사를 잇고 있다. 다나카 조선소 이

후 여러 이름으로 바뀌었지만 지금까지 장소와 구조 등 거의 달라진 것은 없다.

　다나카 조선소 설립 이후 대풍포와 대평북로 길에는 크고 작은 조선소와 수리 조선소가 60여 개 들어섰다. 대표적으로 나카무라 조선소와 나카모토 조선소 등이 있다. 1902년 3월에 다나카 조선소 바로 옆에 설립된 나카무라(中村) 조선소는 야마구치 현 출신의 1866년생 나카무라가 나가사키에서 활동하다가 1893년 부산으로 이주해 같은 해 설립한 철공소이며 1897년 대평동으로 공장을 이전하고 이후 조선소를 설립했다. 이외에도 1944년 히노데(日出) 조선이 다나카 조선소의 서쪽 해안가에 위치한 기노사키, 후루카와, 다무라, 우에다, 니시나카, 유리사마의 6개 조선소를 통합해 설립됐다. 히노데 조선은 1973년에 나카모토와 다시 한번 통합되면서 홍아해운 윤종근(尹鍾根)이 설립한 대동조선공업(주)으로 넘어갔고 이후 2001년부터 마스텍 조선소의 일원이 됐는데 윤종근은 대평동을 말할 때 빼놓을 수 없는 지금의 대동대교맨션을 설립한 사업가이기도 하다. 한국 최초의 근대적 조선소가 설립되었다는 점은 대평동을 말할 때 빼놓을 수 없는 정체성의 핵심이다.

1924년 나카무라 조선소 전경

나카무라 조선소 진수식

대평동에서 벌어진 모든 변화가 이것으로부터 시작되었기 때문이다.

하지만 1945년 해방을 맞기까지 영도에 들어선 60여 개의 조선 업체 및 관련 업체들로 인해 조선의 배 목수들은 일거리를 빼앗겼다. 그래서 조선 배의 제작기술도 전승되지 못하게 됐다. 1910년에는 영도에서만 이미 227가구, 862명에 이르는 일본인들이 거주하면서 당시 영도인구의 3분의 1에 맞먹는 일본인이 거주하게 된다. 군국주의 세력으로 팽창한 일본은 대륙 침략을 위한 발판으로 일본 본토와 거리가 가까운 부산에 조선 공업체를 정착시키려 했고 이들의 대부분이 영도에 자리를 잡은 것이었다.

■ 전통적 조선의 쇠퇴와 한국 조선업계의 1차 부흥기

다나카 조선소가 설립된 후 국권침탈이 됐을 때만 해도 한국의 전통 조선소와 새로 설립된 일본의 조선소는 서로 병립하는 형세였다. 하지만 시간이 가면서 전통적 조선방식을 고집하던 한국의 전근대적 업체들은 경쟁력을 잃기 시작했고 머지 않아 일본 조선소가 독점하는 상황에 이르렀다. 일본인들은 처음부터 규모는 작지만 근대화된 조선공장을 가지고 들어왔지만 우리는 조선소를 근대화할 생각조차 못 하고 있었기 때문에 일어난 비극이었다. 전근대적 방식을 고수하며 영세성을 면치 못하던 우리의 조선 산업이 일본의 근대식 조선소에 의해 훗날 세계적 조선 산업을 일으키게 되는 계기를 마련했음은 아이러니다.

대평동은 육지 깊숙이 파고 들어온 바다와 갯벌 지역으로 인해 풍랑의 피해가 거의 없었기 때문에 소형 조선소의 단지로 적합했다. 그뿐만 아니라 일본의 입장에서 볼 때 지리적으로도 가장 가깝다는 이점이 있었다. 게다가 일제강점기에 북항임해 지역일대에서 활발하게 진행된 매립공사와 부두시설공사도 이후 대평동을 조선 산업의 메카로 만드는 데 일조했다.

다나카 조선소는 후에 생긴 조선중공업주식회사를 제외하고는 가장 큰 업체로서 꾸준히 번창했다. 당시에는 목선만 건조, 수리했으므로 설비는 주물공장과 제재공장이 전부였다.

하지만 당시 직공 5명 이상을 상시 고용할 수 있었던 조선소는 다나카 조선소와 나카무라 조선소 두 곳뿐이었다. 그만큼 이 두 조선소는 당시로써도 규모가 컸으며 1938년경에는 직공 100~200인의 규모로까지 확장했다. 일본의 대륙 침략을 계기로 한반도에서도 전반적인 공업화가 촉진됨에 따라 일본인의 기존업체가 보다 커졌으며 새로운 현대식 대형공장들도 들어서게 되어 전반적인 역량이 크게 향상되었기 때문으로 추측된다. 특히 일본형 어선의 보급이 더욱 고조되고 동력 어선도 일반화되었던 1930년대의 상황은 지금에 와서는 '한국 조선업계의 1차 부흥기'라 할 수 있을 정도로 중요하다. 1930년대는 선박 엔진 같은 핵심 부품은 일본으로부터의 수입에 의존해야 했지만 동력선, 무동력선 모두 양적으로 확대되었기 때문에 조선소는 이전보다 선박건조의 기회가 많아졌고 나아가 소형 엔진의 자체 제작도 가능한 분위기가 조성되었다. 그럼에도 당시 한국에는 부산 영도 소재의 니시죠우(西條)철공소가 유일하게 1,500톤급 선박의 입거수리(入渠修理)가 가능했기 때문에 대형선박의 경우 간단한 수준의 정비가 아니면 대부분 일본에서 해결했다.

■ 위기를 넘어 국가 기간산업으로

확장하던 일제강점기 조선 산업은 1940년대 들어 2차 세계
대전에 참전한 일본의 전세가 악화되어감에 따라 위기를 맞았
다. 난립했던 조선업체들은 '기업 정비령'에 따라 정비와 통합
을 강요받게 되고 1942~43년 사이 거의 모든 조선소는 군수공
장으로 지정되었다. 결국, 1945년 일본의 패배로 일본인 조선
업체들은 껍데기만 남겨 둔 채 모두 물러가고 말았다.

당시 대평동 인근에 있던 조선소들을 살펴보면 다나카(田
中), 나카무라(中村), 마쓰부지(松藤), 사에구사(三枝), 나카모
토(中本), 시로사키(城崎), 코가와(古河), 타무라(田村), 오오
치(大地), 우에다(上田), 니시나카(西中), 유리노(百合政) 등이
있었고 이들 중 나카무라, 마쓰부지, 사에구사의 3개 조선소는
동아조선주식회사로 통합되어 1970~80년대에는 삼화 조선소
로 정리됐고, 시로사키, 타무라, 오오치, 우에다, 니시나카, 유
리노의 6개 조선소는 히노데조선주식회사(日出造船株式會社)
로 정리되었다가 해방 후인 1970~80년대에 대동조선주식회사
가 되었다. 다나카 조선소와 나카모토 조선소만은 그 규모와

실적이 인정되어 통합에서 면제되었다.

이후 한국의 조선 산업은 연간 4천여 톤이나 목선을 건조했던 1950년대의 여명기를 지나 근대 조선공업의 확립을 위하여 강선 건조기술의 확립을 서둘렀던 1960년대의 근대화기, 대단위 조선소를 신설하여 선진 조선국의 면모를 갖추게 된 1970년대 이후의 비약기로 이어지게 된다. 현재 한국은 세계 제1의 조선 강국이 되었으며 조선 산업은 국가 기간산업의 하나가 되어 외화확보의 효자로 한국의 경제발전에 크게 공헌하고 있다.

■ 100년 역사와 조선 발상지로서의 위상

100년 역사의 대평동 수리 조선소길 4km에는 아직도 선박정비 부품업체들이 가득하다. 배 만드는 업체들은 사라졌지만, 배 정비업체와 선박부품업체들은 여전히 즐비하다. 다나카 조선소가 있던 자리에는 현재 '우리 조선'이 들어서 선박 수리를 계속하고 있다. 매캐한 쇠 냄새와 용접 불꽃은 수리 조선소 길의 치열한 산업 활동의 역사가 여전히 진행 중임을 보여주고 있다.

대평동을 한국 근대 조선산업의 출발점으로 볼 때, 우리의 힘이 아닌 일본의 힘으로 인해 시작됐다는 점이 자주 한계로 지적되기도 한다. 식민지 시대에 건설된 근대 조선소를 우리 역사에 어떻게 포함할 것인가의 문제는 일제강점기 타율적 개항으로 이루어진 근대화이지만 하나의 '역사적 자취'로 보아야 하지 않을까 생각된다. 일본의 사례만 보더라도, 도쿠가와 막부 말기인 1863년에 나가사키(長崎)에 건너온 영국 조선기사 토마스 그라바가 설립한 소형 조선소인 그라바 조선소를 미쓰비시(三菱) 중공업이 관리하고 있다가 최근 나가사키시의 문화재로 지정한 바 있다. 이 조선소 역시 영국인에 의해 설립된 것이고 조선소의 이름 역시 토마스 그라바의 이름을 딴 것이었다. 이 문화재는 각국 조선 애호가들의 눈길을 끌며 많은 관광객이 찾는 명소가 되었다.

6

자갈치아지매의 원조, 깡깡이 아지매[4]

그리스 신화에서 오디세이를 유혹하던 세이렌의 노랫소리를 기억하는 이들이 많을 것이다. 영도 바닷가에서도 우여곡절로 가득한 대한민국의 산업화 시기에 억척스럽게 삶의 고통과 설움을 달래며 하루하루를 버티게 해주었던 주파수 높은 망치질 소리가 쉬지 않고 울려 퍼졌다. 대한민국의 근대화와 해양도시 부산이라는 거대한 담론 아래 가려진 소중하고 작은 이야기들이 그 망치 소리 속에 숨어있다. 깡깡이마을이라는 대평동의 별칭에는, 조선 산업의 발상지라는 자부심과 동시에 가난한 시절을 힘들게 살아온 서민들의 애환이 짙게 배어있는 것이다. 3킬로그램짜리 망치 하나를 들고 맨몸으로 360톤짜리 배에 올라 쉴 새 없이 때리고 긁어내야 하는 깡깡이 질은, 요즘 젊은이들은 길어봐야 일주일, 평균 3~4일을 버티지 못하고 그만두는 힘겹기 그지없는 노동이다. 인생의 고비 고비를 맨몸으로 부딪혀가며 이겨낸 대평동 사람들의 강인한 의지가 그야말로 대단할 뿐이다. 쉽게 살아가고자 하면서 어려운 일은 금세 포기하고 체념하는 것이 일상이 되어버린 요즘 세상에 '깡깡이'라는 세 글자가 일깨워주는 삶을 대하는 태도와 정신은 결코 가볍지 않다. 그럼에도 몇몇 언론을 통해 소개되긴 했지만 부산 시민들조차 깡깡이마을이 왜 깡깡이마을인지 아는

4) 깡깡이 아지매의 노동환경 및 일반사항은 김정하 (2014)를 참조하였음

사람은 많지 않다.

■ 우리 시대의 문화유산, 깡깡이 아지매

배를 수리하거나 새로 단장하기 전에 필수적으로 해야 할 작업이 부식된 녹과 조개껍데기, 오래된 페인트 자국 등을 벗겨내는 것이었는데 이를 위해서는 아시바(비계)를 타고 높이 올라가 배에 찰싹 달라붙은 다음 앞이 뾰족하고 뒤는 납작한 조그만 망치로 오랜 시간 직접 때려야만 했다. 이런 작업을 깡깡이 질이라고 불렀고, 이때 나는 소리가 '깡-깡' 한다고 해서 붙여진 이 마을의 이름이 깡깡이마을이다. 이처럼 고된 작업을 하는 할머니들은 기계로 상당 부분 대체된 요즘도 이 마을에 남아계신다. 또 이렇게 철로 만들어진 배의 노후를 방지하기 위해 2년에 한 번씩 배 밑창이나 측면에 붙은 조개껍데기나 녹을 떨어내는 잡역부 일을 하는 아낙들을 가리켜 '깡깡이 아지매'라 불렀다. 물질하는 해녀만큼이나 중요한 직업 아니었나 싶다. 동아시아, 특히 한국에만 있는 직업으로서 해녀가 최근 유네스코 문화유산으로 등재되었다는 희소식이 있는데 충분히 그에 상응할 만한 평가를 받을 만한 직업으로 이제는 사라지고 있는 직업이기도 하다.

　대부분 타향에서 온 깡깡이 아지매들은 어린 나이에 자식을 거둬 먹여야 하는 상황에서 대평동으로 들어와 망치를 쥐기 시작해 이후로 수십 년의 세월을 보냈다. 각자 고향은 달라도 서로 어깨 기대고 살아가는 여기가 텃자리려니 하며 살아왔다. 순한 정도만큼 삶이란 고달픈 것인지, 온갖 못된 짓을 하는 사람들은 교활하게 잘 살아가는 것 같은데 오직 몸뚱어리 하나 믿고 정직하게 살아가는 아주머니들이 겪은 우여곡절과 설움, 고통과 분노는 헤아릴 수 없을 만큼 한 보따리다.

　"원래 강원도에 살았는데 애들 아빠가 돌아가셨어요. 그때 애가 셋이었는데 먹고 살 생각을 하니 막막하더라고. 그때 사돈이 내 사정을 알고 여자들이 벌어 먹고살기 좋다며 대평동으로 오라고 했지. 당시 우리 사돈이 대평동 동네 반장이었거든. 찬밥 더운밥 가릴 상황이 아니었어요. 한달음에 부산으로 와서 마을을 한 번 둘러봤는데 깡깡이 일로 밥벌이하는 여자들이 많더라고. 그래서 아이들 데리고 오게 됐죠."

- 깡깡이 아지매 허재혜 어르신

깡깡이 아지매 대다수는 피난민의 후예이거나 도시의 가난한 가정에서 자란 여성들이었다. 또는 농어촌을 떠나온 실향민들로 교육을 많이 받지 못했기 때문에 배의 녹을 떨어내는 단순한 일밖에 할 수 없는 사람들이었다. 대구에서 태어나 스물두 살 꽃다운 나이에 미장일하는 남편에게 시집오면서 처음 대평동에 왔다는 이상희 할머니는 세 명의 아들을 깡깡이 질로 키워냈다. 그녀는 이제 여든이 되었다. 포항의 시골에서 살다가 이곳에 온 박석순 할머니 역시 전쟁 통에 행방불명된 남편 대신 아이들 셋을 키우기 위해 깡깡이 망치를 들었다. 초등학교만 마치고 바로 어머니를 도와 가장 역할을 맡아준 큰아들 덕에 무탈하게 아이들을 키워냈다. 두 할머니와 함께 삼화조선에서 일했던 김광이 할머니 역시 선원이었던 남편이 행방불명되자 2남 1녀를 먹이고 공부시키기 위해 깡깡이 망치를 들기 시작했다. 그녀 나이 26살 때였다. 두루 열거하지 않더라도 다른 깡깡이 아지매들의 사연 역시 대체로 크게 다르지 않다.

그러나 그들이 노역의 대가로 받은 1960년대의 일당 1천 원은 간신히 생계를 유지할 정도밖에 되지 않았다. 그래도 그들은 그 돈으로 가장을 대신해 간신히 가족들의 호구지책을 마련해야만 했다. 하지만 그 돈으로 제대로 살림을 일구거나 자식을 번듯하게 교육시키기란 역부족이었다. 한 아주머니의 증언을 들어보면, 1970년대 기준으로 일당이 천원도 되고, 천오백도 되고 했는데 정확하게 정해진 금액은 없었다. 기본적으로는 일당제지만 하루 날 잡아 한 달 치를 한꺼번에 주는 식이 대부분이었고 점심은 알아서 먹어야 했는데 대신 두어 달에 한 번 목에 쇠 찌꺼기 씻어준다고 회식자리를 마련해 돼지고기를 실컷 먹게 해주었다. 당시 일당 천오백 원을 받아봐야 쌀, 연탄, 반찬 몇 가지 사고 나면 남지도 않았단다. 대신 몸은 빠르게 상해간다. 허술한 작업대에 온종일 서서 맨손으로 작업하다 보니 먼저 손이 아프고 다음엔 허리가 아프고 나중에는 다리랑 온몸이 아파온다. 아지매들 중 '아시바'에서 떨어져 의식을 잃거나 불구가 되는 일도 왕왕 있었다. 선대에 올린 360톤 선박은 지상에서 뱃전까지 높이가 5m가량 되는데 중간에서만 떨어져도 치명상이었다. 제일 문제는 난청이었다. 깡깡이 일을 하는 사람이라면 거의 다 걸린다고 봐야 했다. 온종일 두드리고 오면 귀에서 깡깡 환청이 들리고 잘 때도 들린다는 것이었다. 워낙 열악한 작업환경에 노출된 터라 작업을 시작한 지 3년이면 청력이 약해지다 종내 난청이 되거나 관절염이 생기거나 부상을 입기 일쑤였다. 깡깡이 아지매들 중에는 밀폐된 공간에서 독한 페인트칠을 하다 질식해 죽은 사람도 많다. 당시에는 안전에 대한 불감증이 있었기 때문이다. 난청 다음으로 관절염, 그리고 낙상으로 인한 부상 순으로 잦았다. 드물게는 폐에 스며든 쇳가루와 먼지로 인해 규폐증(硅肺症) 증상을 보이는 사람도 있었다. 몇 년 가지는 못했지만 이런 열악한 환경을 개선해보려고 1965년 무렵에는 '깡깡이 아지매 조합'이란 것도 생긴 적이 있었다. 조합이 있을 때는 단체로 신체검사도 받고 다양한 보장을 받았으며, 임금 인상을 요구하며 데모도 했지만 오래가지는 못했다.

결국 가난은 대물림되고 '깡깡이 아지매'의 헌신적인 노력에도 불구하고 자식들은 여전히 빈곤을 대물림하는 경우가 많았다. 자식들은 고생하는 어머님이 안쓰러웠지만 한편으로는 창피했고, 어머님들은 자식들에게 미안해 몸을 상해가며 열심히 일했지만 나아지는 바가 없었으니 가슴 아픈 일이 아닐 수 없었다. 하지만 지금부터라도 이 억척스럽고 정직한 노동의 가치는 재평가받아야 마땅하다. 40여 년 가까이씩 젊음을 바쳐

뱃전의 철판을 두드리는 일을 하다 청각마저 잃은 이가 적지 않은 깡깡이 아지매의 삶과 그속에 응축된 의지는, 대다수가 서민이었던 우리 어머님 모두의 억척스러움을 상징한다.

■ 자갈치 아지매의 원조, 깡깡이 아지매

대평동에서 깡깡이 아지매들이 본격적으로 직업군을 이룬 것은 1960년대 들어서이다. 제3공화국의 조선장려정책으로 신조된 철강선이 늘어나면서 대평동의 수리조선 산업은 호황을 누렸는데 "부산에 가서 깡깡이 질이나 하여 보세"라는 노랫말이 전해질 정도였다. 이들의 존재에 가치를 부여할 수 있는 이유는, 단순 잡역부로 일하면서 가난을 이겨낸 억척스런 삶이 후세의 귀감이 될 만하다고 보기 때문이다.

1970년대가 되면서 새로 건조되는 배가 많이 줄어들었고 대신 대평동에서는 선박 수리가 주업종이 되었다. 당연히 '깡깡이 아지매'들도 많았다. '깡깡이 아지매'들은 처음에는 작은 배부터 시작해 녹슨 것을 제거했는데 그들 중에는 영도뿐 아니라 밖에서 거주하며 오전 9시부터 오후 6시에 맞춰 출퇴근을 하는 사람도 많았다.

그나마 70년대 중반이 되면 큰 배 위주로 수리하게 되고 모래를 쏘아 녹을 벗기는 공법과 그라인딩 등의 기술이 발달하면서 '깡깡이 아지매'들의 일감이 줄어들었다. 일감을 얻지 못한 아낙들은 자갈치시장, 공동어시장에 가서 고기를 분별하는 '쓰쿠메'라 불리는 일도 했다. 그러나 그 일도 소개해 줄 사람, 즉 빽이 있어야 해서 아무나 할 수 없었다고 한다.

깡깡이 아지매의 투지와 근면은 다른 지역의 여인들에게도 영향을 주었다. 한국전쟁 시기에 영도로 들어온 피난민 중 부녀자들이 팔을 걷어붙이고 나서 '자갈치 아지매'가 된 것도 이들의 생활력을 본받았기 때문이었다. '깡깡이 아지매' 대다수는 전쟁 통에 홀몸이 됐거나 무작정 도시로 나온 젊은 여성들이었다. 별다른 기술이 없이 도회지 주민으로 편입된 그들로선 비록 임금은 적고 힘은 들어도 배에 들러붙은 녹을 제거하는 '깡깡이질'이야말로 거의 유일한 돈벌이 수단이었다. 조선소 수리 중에서도 배에 들러붙은 녹을 제거하는 일이 가장 어럽고 힘든 일이었지만, 달리 말하면 기술이 없는 사람들에게는 가장 찾기 쉬운 일자리였다.

매일 7, 8시 이른 아침이면 하루 30명쯤을 모집하는 조선소 앞마다 50~60명의 여성이 줄을 서 기다렸다. 이윽고 작업 시작 시각이 되면 담당자가 나와 나이 젊고 기술 좋은 여성을 선발해 하루치 작업을 맡기곤 했다. 이들은 선대 하나마다 대략 15명이 조를 이뤄 일했으므로, 선대가 13개 있던 1970년대 전성기의 조선소 거리에는 깡깡이 아지매가 대략 200여 명쯤 일하고 있었다고 보아야 한다. 예를 들어, 우선 수리할 배가 부두에 들어오면 단순노무자들인 상가(上架)를 담당한 남성 근로자들이 배를 선대에 올려놓는다. 그러면 페인트칠 전에 뱃전을 다듬는 '깡깡이 질'에는, 방 3칸의 기와집 두 채를 이어 놓은 듯한 360톤 정도의 배 한 척을 작업하는 경우 연인원 백여 명의 '깡깡이 아지매'가 투입되어 사나흘 간 작업해야 했다. 선박 수리에는 보통 일주일이 걸렸는데, 월요일부터 일요일까지 한 주 내내 작업을 하되 급한 경우에는 일요일에도 작업이 이루어졌다.

■ 깡깡이 아지매들의 작업 풍경

깡깡이 아지매들은 지상 5m 위 선체에 붙여 설치한 폭 좁은 작업 난간인 '아시바'나 배 밑바닥, 혹은 탱크 안에 들어가 작업해야 했다. 작업방식처럼 작업에 쓰이는 도구도 단순했다. 아침에 일터로 나가면 회사 측이 작업복을 비롯해 귀마개와 안전화, 안전모(일명 화이바), 마스크, 보안경 등을 제공했다. 하지만 이는 정규직인 '본공'만 받는 혜택이었고 수시로 일을 맡는 임시직은 각자가 준비해야만 했다. '깡깡이질'은 특히 얼굴로 쇳조각이 날아드는 경우가 많아 일단 비닐로 얼굴을 감싼 후 수건으로 감싼 후 보안경에 마스크까지 덮어쓴 채 일을 했다. 한여름에는 이것만으로도 죽을 맛이었다.

작업 도구는 모두 네 가지로, 그라인더를 제외한 간단한 공구 세 가지는 각자 집에서 준비해 가야 했다. 우선 녹을 떨어내는 무게 약 3kg의 '깡깡이 함마', 다음은 흔히 가정에서 쓰는 장도리보다 조금 큰 쇠를 쪼아내는 '깡깡 망치', 그리고 배 밑창의 조개를 뜯어낼 때 쓰는 '등 긁개' 모양의 대나무로 만든 '씨가레프' 등이었다.

지금도 이분들이 활동을 하고는 있으나 작업이 배당됐을 때만 직장에 나오고, 일이 끝나면 바로 귀가하기 때문에 사실상 직접 대면하기란 쉽지 않다. 더구나 주민들이 시끄럽다고 민원까지 넣고 있는 사정이라 스스로 그 일을 하는 사람이라고 나서기 어렵다. 하지만 깡깡이 아지매들에게 대평동이란 여전히 삶의 터전이고 생존의 장소이다.

　"일거리가 늘 있는 건 아니었어. 한 달에 5일도 하고, 10일도 하고 대중없었지. 아침 8시쯤 시작하면 중간에 오후 1시까지 점심시간 1시간이 있고, 오후 5시면 대충 끝나. 중간에 또 오전 10시에 10분, 오후 3시에 10분, 두 번 정도 쉬는 시간 있고. 얼굴에 조각이 많이 튀니까 비닐로 감싸고 또 거기에 수건 덮고 안경 쓰고 마스크까지 네다섯 겹으로 무장하고 일했지. 추운 날엔 괜찮지만 더운 날에는 어떻겠어? 얼굴이 짓무르고 벌겋게 달아오르기도 했는데, 저녁에 보면 피부가 빨갛게 변해있었지." - 김정하(2014) 논문 중

　"같은 깡깡이 질이라도 받는 돈은 위치에 따라 다르지. 허공에 놓인 발판인 '아시바' 타는 인부가 가장 많이 받고, 다음

은 탱크에 들어가 일하는 인부, 배 밑창에 기어들어가 조개껍데기나 홍합 긁어내는 인부, 기타 부분을 맡은 인부 순서라고 보면 돼. 특히 고정적으로 한 회사에서 일하는 '봉공'이랑 혼자 이리저리 회사 옮겨 다니는 사람은 대우가 판이하게 달랐어. 정규직이랑 비정규직 생각하면 돼. 하는 일 같아도 받는 돈은 다르잖아." - 김정하(2014) 논문 중

"대평동에는 고철상이 많아. 배 수리하고 남은 부품들을 처리해야 하니까 많이 생겼지. 그러니까 이곳 고철상에서 다루는 건 '선박 폐부품'이라 보는 것이 더 정확한데, 우리는 그나마 저 고철처럼 재활용도 안 돼." - 김정하(2014) 논문 중

"깡깡이는 대평동에 조선소가 있으니까 아지매들(아주머니들)이 묵고살라고 두드리는 거지. 일하면 돈 주니까. 깡깡이 질하면 녹이 떨어지잖아. 그래가지고 배가 나가서 일하고 그 다음에 또 오래된 배가 오면 그걸(깡깡이질) 다시 하고 나가는 기라. 당시에는 몰랐는데 먼지가 날아오고 페인트 날아오고 주위에 참 안 좋았지. 그리고 두드리는 사람도 마스크도 안 하고 수건으로 두르고… 몰라서 그랬지. 옛날에 (깡깡이

질을) 한 사람들이 심폐증 이런 게 많이 남아있을 기라. 오래 한 사람들은 늙어가지고. 그리고 귀도 깡깡깡 하니까 그걸 탁 막고 해야 하는데 옛날엔 그래 못했거든. 그냥 수건으로 가리고 때리고...... 떨어져가지고 다친 사람이 많아, 큰 배는 이래 줄로 매가지고 널판자에 앉아가지고 하는 거야. 요새는 몸에다 묶어가지고 하지만 그때는 그냥 했거든. 그러다가 미끄덩 떨어지면 다리 뿌아지고 팔도 뿌아지고 옛날엔 그런 게 많았어. 그렇게 살기 어려웠지." - 대평노인회 김성호 부회장

빨강 노래 소리

광신 벨로우즈 김광태 사장님

따그닥 따그닥
말발굽 소리인가

따그닥 따그닥
느즈막한 저녁

옆집 순이네
다듬질하는
소리인가

뻘건 철판이
북이 되고
장구가 되어

두들기는 두들기는
깡깡이 아낙들의

손놀림이 빚어낸
소리가 소리가

살포시 밀려와
하얀 물거품
소리 내는 파도와
어우러 어우러져

아름다운 하모니로
멋 나는 음악을

연주하는 아낙들의
손놀림에는

희망도 두드리고
사랑도 두드리고
설움도 두드리는

아낙들의 애환을
그려내는 소리가
메아리 되어 되어
바닷가를 맴도네

7

모여들던 사람들, 잘나갔던 대평동

"대평동뿐 아니라 근처 봉래동, 남항동 할 것 없이 이 영도 전체가 다 대평동 때문에 먹고 살았죠."

1970~80년대의 대평동이 얼마나 잘 나갔는지는 위와 같은 한 마디만으로도 쉽게 짐작할 수 있다. 당시를 기억하는 대평동 사람들은 한결같이 말한다.

"수리 조선소마다 깡깡 소리가 엄청났지. 여기서 깡깡, 저기서 깡깡. 그만큼 수리 조선소가 잘 됐거든. 거기가 잘되면 다른 데는 어떻겠노? 식당이고 술집이고 할 것 없이 주르륵 도미노처럼 다 잘될 수밖에 없지. 그러니 마을 전체가 시끌벅적했고."

깡깡이마을이라 불리는 곳에서 깡깡이 소리가 많이 났다는 건, 그만큼 일감이 많았다는 말이 된다. 한국 근대 조선의 발상지라 할 수 있는 대평동은 조선업체가 모두 다른 지역으로 빠져나가기 시작하던 1970년대 무렵, 수리 조선업으로 전환해 제2의 도약에 성공했다. 마침 붐이 일었던 원양어선의 호황도 한몫 했다. 그때나 지금이나 대평동에 있는 수리 조선소는 십여 곳으로 업체 수는 달라진 게 없지만, 당시에는 수리를 위해 대평동으로 들어오는 배가 지금과는 비교할 수 없을 만큼 많았다.

■ 1970~80년대의 깡깡이마을

1960~70년대는 한국의 국가 전반이 가파른 경제성장의 흐름 속으로 편입되고 있던 시기였다. 국가 주도의 경제개발계획이 수립됐고 다양한 사업을 통해 시설이 근대화되기 시작했으며 그중에서는 정부 주도의 조선공업육성사업도 있었다. 이에 따라 조선 관련 계획사업들이 확대 시행되었고 연근해 수산업과 원양어업은 급격한 성장의 기회를 맞이했다. 당연히 수산업의 가공을 포함한 관련 산업과 시설들도 급격히 늘어났다.

1974년에는 항만법시행령 및 개항질서법 시행령이 개정되어 남항은 지정항만 및 불개항지로 지정됐고 이후 1991년 항만법의 개정으로 현재 남항은 연안항으로 분류되고 있다. 급격한 원양어업 및 수산업의 성장은 근처에 전국 위판량의 30%

를 차지하는 국내 최대의 수산물 위판장인 부산공동어시장이 위치한 대평동에는 큰 호재였다. 또한 이곳에는 전국 냉동, 가공 업체의 64%가 밀집해있을 만큼 수산물 관련 업종이 집중되어 있기도 했다. 대평동은 바야흐로 각종 수산물시장이 밀집한 도심형 생활 항으로써 각종 연근해, 원양어선의 집결지가 되었고 해상교통의 중심지로 성장했다.

오랜 기간 수리 조선업으로 특화된 대평동 주민들에게는 '다른 것은 몰라도 선박 수리에 있어서는 한국 최고'라는 자부심이 있었다. 선박들이 이곳을 찾는 이유도 선박 수리 부품을 쉽게 구할 수 있기 때문이었다. '이 동네에서 구할 수 없는 것은 전국 어디를 가도 구할 수 없을 것'이라는 말은 그런 자부심의 다른 표현이었다. 심지어 1980년대에는 정식으로 국교가 수립되지 않은 소련 배들조차 인도주의적 차원의 입항 허가를 받고 들어와 수리를 받고 떠나곤 했을 정도였다. 일반적으로 선박은 5월 전후로 수리하는데, 이때 고친 배를 가지고 일 년 동안 계속 운항하는 것이 상례여서 매년 5월이 되면 대평동은 배를 고치기 위해 들어온 선박들로 북새통을 이뤘다. 특히 원양어선처럼 먼 곳으로 나가는 배들은 이 기회에 최선을 다해 배를 고쳐 놔야 탈이 생기지 않기 때문에 더욱 신경을 썼다. 마을에 드나드는 사람들이 늘어나고 큰돈이 돌기 시작하니 이전부터 존재하던 대평동 마을회도 보다 체계를 갖추어 정식으로 출범하게 됐는데 이 역시 1980년대 들어서면서부터였다. 지금의 깡깡이마을에서는 물론 그때의 영화를 찾아보기 어렵다. 아직도 시끌벅적한 공업지역이긴 하지만, 확실히 사람들이 몰려들었던 잘 나가던 과거의 한때와는 비교할 수 없다. 그럼에도 당시를 회고하는 마을 주민들의 눈빛에는 여전히 그때의 강렬한 자부심이 남아있다.

하늘에서 내려다본 물양장 전경

아파트 앞 공터에서 바람을 쐬고 있는 동네 어르신들과 마주친다. 한여름 햇볕을 피할 수 있는 몇 안 되는 공간이라며 좀 쉬었다 가라신다. 낯가림 없이 앉아 이것저것 묻다가 당시의 대평동에 관해 물었더니 시원시원한 말투로 물빛 어룽대는 물양장을 가리키며 말씀하신다.

"다른 것 다 필요 없고, 그냥 저기 저 물양장에 항상 오징어랑 멸치가 가득가득 쟁여져 있었다고 하면 알아듣겠나?"

■ 마을 주민들이 들려주는 깡깡이마을의 전성기

"처음에 제가 여기 왔을 적에는 인구가 아주 많았습니다. 또 남항 자갈마당에는 멸치 배가 들어와서 막 고기를 뜨면 저희들은 생선을 주우러 가기도 했습니다. 그 시절, 매일 부두에는 싸우는 소리, 노랫소리, 웃음소리 등 뱃사람들의 소리와 철공소 기계 소리, 조선소 깡깡이 소리가 들리는 참 복잡한 동네였습니다. 가난하지만 살아가는 인간의 재미도 있고 인정이 있고 아이들이 뛰어노는 활기찬 동네였습니다.

항상 내일이 있으니까. 희망이 있기 때문에 열심히 최선을
다하고 살아왔던 것 같습니다." - 박송엽 할머니

"1979년에 대평동은 경기가 참 좋았다. 그때 대평동은 원양어선으로 왁자지껄했지. 남편도 원양어선을 타고 있었어. 여자들도 다 일을 하고. 살기가 참 좋았지. 여자들이 거의 다 깡깡이를 해서, 그래서 여기를 대평동 깡깡이마을이라고 하잖아. 여자들도 돈을 벌고 부자들도 많고. 배 사업도 많이 하고."- 서만선 할머니 (왼쪽 사진)

"그때는 영도 돈의 90%가 대평동에서 돌았지. 고등어잡이 배를 건착이라 하는데 그런 회사만 5~6개가 있었어. 고등어잡이는 보통 5척 1조거든. 본선 하나에 운반선과 불 비추는 조명선이 각각 두 대씩으로 이뤄지는데 벌써 이것만 해도 선원이 몇 명이야? 육지 닿으면 그 자리에서 바로 계산해주니 그 돈으로 식당도 가고 다방도 가고 여자도 만나고 필요한 거 사기도 할 것 아니겠어? 이런 배들은 보통 매월 음력 14, 15, 16일은 쉬거든. 보름달 뜰 때라 너무 밝으니 고기들이 숨고 또 조류가 가장 빠를 때니까 나가봐야 고기 못 잡아. 1년에 한 달씩 수리 기간이라고 해서 쉬는 기간도 있지. 그럴 때 도는 돈이 얼마겠어?" - 대평동 주민

"내가 젊었을 때는 일이 넘쳤지. 배가 끌도 없이 밀려와서 일이 너무 많아 밤늦게까지 일하는 게 다반사였어. 지금은 다르지. 일이 없어지니 사람들도 다 떠나. 배도 커지고 환경이 바뀌었는데 대평동에는 아직도 옛날 작은 배밖에 댈 수가 없어. 수심이 안 나오니 바다 밑을 손봐야 하는데 그걸 아무도 안 해." - 대평동 주민

"대평동은 내 인생에 전성기를 가져다줬어요. 30년 전에 이곳 대평동에 자리를 잡았는데 아마 우리가 동네에서는 제일 오래된 집일 겁니다. 그때는 고철만으로도 많은 사람이 먹고 살았어요. 일 마치면 막걸리도 한 잔 마셔가면서 아이들도 다 키울 수 있었죠. 폐고철을 주로 취급했는데 배에서 쓰다가 못쓰게 된 부품들이에요. 그러면 배에서 그 쇳덩어리들을 끄집어내 용달차에 싣는 거죠. 고치고 남는 쇠도 마찬가지고요. 그런 쇠들만 가지고도 먹고 사는 사람이 많았으니 얼마나 호황이었겠습니까. 지금도 크고 작은 고물상은 20여 곳쯤 있는데 경기가 확실히 예전 같지는 않죠."
 - 동원고철 사장님

"월급이 다른 곳에 비해 딱히 높거나 하진 않았어도 워낙 사회 전반적으로 활기가 돌던 때니까 바쁘게 돌아갔죠. 특히 대평동은 일이 막 넘쳐나니까 월급이 적어도 일 마치면 저녁에 술 한잔 하고 다음날 출근하면 일할 맛이 났죠. 당시에는 1년에 한 직급씩 승진하는 사람도 많았습니다. 지금은 상상이 안 되겠지만 당시에는 40대가 됐는데도 이사가 못되면 그게 더 이상한 일일 정도였죠. 지금 40대 되도 부장하기조차 거의 힘든 시절이잖아요. 또 여기서 직장생활 2~3년 정도 하면 나름 작은 집이나마 살 수 있었고 애도 두셋 정도는 무난하게 키울 수 있었죠. 피곤하기는 많이 피곤했어도 지금만큼 좌절감은 없었던 시절이었어요. 그때는 뭐, 한 달 뒤나 일 년 뒤를 겁낼 필요도 없던 시기였기 때문에 사람들도 위축되지도 않았고 큰 부담도 없었고요. 특히 대평동은 그 당시에는 굉장히 활기찼어요. 그때가 또 우리나라에서 처음으로 주식이 막 치솟을 때였죠. 어르신들이 자주 말씀하시지만, 대평동에는 거지도 없었고 개도 돈 물고 다녔다는 식의 말이 괜한 말이 아니에요. 영도의 다른 동네하고는 비교하는 것 자체를 기분 나빠할 정도였으니까. 게다가 옛날에는 카드 쓰던 시절이 아니니까 현금 아니면 어음이었는데 철공소나 수리 쪽은 소규모 일이 많아서 현금이 많이 돌았죠. 그렇게 현금 돌면 어찌 되겠습니까. 노는 데도 돈이 많이 돌게 마련이잖아요? 그러니까 힘든 일을 하고 돈 생기면 술도 거하게 마시고요. (웃음) 한 상 떡 벌어지게 마시고 놀고 뭐 흥청망청 많이 했죠. 다방, 술집, 나이트클럽 같은 데도 호황이었고. 빌딩 사서 나간 마당도 있을 정도니까요. 그때가 왜 대평동의 전성기였냐면 또 다른 이유도 있어요. 저기 자갈치에서 어선들이 나갈 때 한 척, 두 척 이렇게 나가는 법이 없어요. 보통 많을 때는 20~30척씩 몰려서 나간다고요. 그러니까 한 어장으로 떼로 출동 하는 거죠. 경쟁도 하지만 협조할 건 협조하고 또 긴급한 상황에서는 서로 돕기도 하면서 그렇게 합니다. 물때가 일정하니까 고기 잡을 때도 일정한 거거든요. 그러니 배들도 같은 시기에 나갈 수밖에 없으니 나름의 룰도 지키고 서로 도와야 해요. 당연히 돌아오는 시기도 비슷해요. 고기 잡았으면 빨리 들어와서 팔아야 하니까요. 옛날에는 보통 어선들이 나가면 1년 만에 들어왔거든요. 지금도 조금 남아있지만, 그 당시 자갈치에 수산 회사들이 굉장히 많았어요. 그때 보면 배들이 뭐 100척, 200척씩 한꺼번에 들어와요. 바다에 나가서 1년 정도 있다 들어오면 선원들도 쉬어야 되지만 배도 쉬어야 되거든요. 그럼 그 배들을 어디서 수리하고 쉬게 하냐면 그게 대평동이라는 거죠. 100척, 200척씩 말입니다. 그러면 진짜 정신이 없어지죠. 배를 후딱후딱 올리고 내리고 하면서 막 돌아가는 겁니다. 선원들도 마찬가지로 동네 전체에 득실득실하고요." - 소설가 문호성 (80년대 대평동에서 근무한 선박설계기술사)

8

짠내와 쇳내만 남은 적막한 뒷골목에서

대평동 토박이인 이춘옥씨는 지금도 예전에 부모님과 함께 살던 집에서 거주하고 있다. 굉장히 오래된 건물이다. 그만큼 이 동네와 함께한 세월도 오래다. 어린 시절을 떠올리며 추억을 얘기할 때는 눈빛과 표정도 어린아이처럼 변한다. 그때는 배가 많이 들어왔는데 친구들과 함께 그런 배 밑에 붙어있던 조개를 떼서 먹곤 했단다. 당시 이 동네의 아이들은 집 앞 바다에 뛰어들어 수영하다가 배에 붙어있는 미역이나 조개류를 떼서 누가 많이 따왔나 내기를 하며 놀곤 했다는데, 같은 부산 사람이라고 해도 레벨이 다른 느낌이다.

하지만 지금 대평동에서 그런 아이들을 찾아보기는 어렵다. 간혹 있다 하더라도 예전처럼 개구지게 바닷물 속으로 뛰어들어 조개를 떼며 놀지는 않을 것이다. 좋은 변화인지는 모르겠다. 우리 안에 있던 어떤 야성의 에너지가 오히려 너무 순치된 것은 아닌지 이유 없이 쓸쓸해지는 걸 보니 마냥 좋은 변화만은 아닌 듯싶다.

■ 곳곳에서 느껴지는 체념과 무기력의 기운

마을의 한 공장 앞에서 담배를 피우며 쉬고 계시는 3명의 노동자를 만났다. 인사를 건네고 몇 가지 물어보는데 대뜸 화를 내신다.

"이 불경기에 거렁뱅이들한테 무슨 들을 이야기가 있다고 그라요? 할 이야기도 없으니 고마 가소."

전반적으로 마을에서 만나는 분들의 분위기는 온화하고 살가운 편이지만 드물지 않게 만나는 이 같은 반응에 처음에는 좀 놀랐던 기억이다. 하지만 한때 잘 나갔고, 또 그 잘 나간 정도가 큰 만큼 현실의 불황이 상대적으로 더 크게 부정적인 기운으로 이어지는 게 아닐까 생각하니 기분이 나쁘지도 않고 오히려 이해가 된다. 사실 이런 무덤덤함을 넘어 체념과 무기력에 가까운, 또 개중에는 구체적인 대상 없이 퍼붓는 분노는 마을에서 종종 맞닥뜨리게 되는 경험이다. 아주기업의 사장님 역시 비슷한 반응을 보였더랬다. 배가 없어서 직원들 모두 내보내고 혼자서만 일을 하는데 그마저도 힘겹다는 것이었다.

마을에서 그나마 가장 활기찬 지역이랄 수 있는 대동대교맨션의 상가 쪽에서도 비슷한 경험을 했었다. 선원들의 안전 장비와 의류 등을 파는 특별할인마트에서였다. 사장님께 몇 가지 질문을 드리고 얘기를 듣고 싶었지만 별로 할 얘기가 없다는 답변이 돌아왔었다.

"장사가 예전 같지 않아서 정리 중입니다. 임대 주고 이제는 여기를 떠나려고 결심했어요. 참 답답한 노릇입니다. 단군 이래 대평동이 이렇게 파리 날린 적이 있었나 싶어요. 제가 여기 대평동에서만 40년 장사했는데 이 정도로 안 된 적은 없었거든요. (성함 좀 알려주실 수 있을까요?) 이름은 뭐하려고요. 이제 떠날 사람인데 그거 알아서 뭐하겠습니까. 대평동도 이제는 다 된 거 아닌가 싶습니다. 더 할 말 없습니다."

대평동은 1930년대 연근해 어업전진기지와 근대 조선산업의 발상지로 도시 모습을 갖추기 시작했고 이후 1934년의 영도대교 개통, 1935년의 영도지역 전차 확대운영 등과 맞물려 지역 상권이 활성화 된 후 상업화가 오랜 기간 지속된 지역이다. 그리고 앞서 살펴본 것처럼 우여곡절도 많았지만 엄청난 호황도 누렸는데 1980년대를 기점으로 원도심권 쇠퇴, 조선경기 불황 및 부산시청 이전 등 경기침체를 가속화시키는 요인들과 함께 점점 쇠락하기 시작했다. 1980년대 이후로는 지속적으로 지역 주요 공장사업의 축소와 함께 종업원 수가 감소했고 공 폐가와 노후주택도 증가하면서 열악한 생활환경에 따른 전입 인구 감소 등 악순환이 지속되고 있는 실정이다. 선박의 대형화와 수리 선박의 감소로 조선소 다수가 부산의 감천이나 다대포, 경남 진해, 거제 등지로 빠져나갔으며 매축 이후 100여 년 동안 바다 밑을 손보지 않아 큰 배들을 받아들일 수 없는 환경이 되어 소형 조선소만 남게 됐다. 더불어 조선 수리업 관련 부품 회사와 공장, 철공소 백여 개마저 거듭되는 불황으로 영세업체로 전락했다.

현재 대다수의 배는 다대포와 감천으로 빠져나가고 이곳에는 작은 배들만 남아있다. 수리 조선소와 공업사들이 즐비한 골목과 해변에서는 철 냄새가 난다. 전기, 냉동, 엔진, 스크루, 페인트 상가들도 골목을 잇고 있다. 모두 조선과 연관된 부속품들이다. 여기저기 공장에서 용접 불꽃이 파랗게 일며 길바닥은 쇳똥이 씻기지 않아 불그레하고 전반적으로 침체되어있다.

하동군 진교면 출신으로 여러 지역에서 경찰로 근무하다 대평동에 터를 잡고 이후 30년째 살고 있다는 김성두 어르신 부부는, 말수가 많은 편은 아니어서 두루 여러 이야기를 나눌 수는 없었지만 역시 대평동의 쇠락을 증언해주었다. 김성두 어르신은 경로당 총무도 7년 동안 역임했는데 당시만 해도 45명이었던 회원이 지금은 35명을 조금 넘는 수준으로 줄었다고 했다.

김성두 어르신

박영석(82), 권춘애(78) 부부도 마을의 쇠락을 안타까워했다. 전라도 말씨가 남아있는 두 분은 모두 전라도 출신으로 박영석 어르신은 전남 고흥, 권춘애 어르신은 여수 출신이다. 평생 원양어선을 타셨다는 박영석 어르신과 함께 결혼하면서 이곳 대평동으로 와 지금까지 살고 있다는 권춘애 어르신은 이렇게 말했다.

"대평동은 우리 부부에게는 두 번째 고향이나 다름없어요. 하지만 요즘은 정말 예전 같지 않네요. 우리 바깥양반은 평생 원양어선을 탔는데, 원양어선은 3년에 한 번씩 대평동으로 돌아왔습니다. 저는 평생을 남편 기다리느라 시간을 보냈죠. 그래도 이 건물에서 자식들 잘 키웠고 지금은 장남이랑 같이 살아요. 우리 장남도 수리 조선과 관련한 사업을 하고 있는데 일하는 곳은 여기가 아니고 감천동이에요. 대평동이 예전 같지 않으니까요. 지금 우리가 사는 건물은 목조건물인데 너무 오래돼서 많이 낡았지만 고치기도 쉽지 않아요. 이 동네에는 이제 거의 이런 집들만 남아있어요. 외부에 슬레이트를 덧대 놔서 모르겠지만, 낡아서 비가 새고 불편하죠. 아마 이 건물도 일제강점기에 만들어진 것 같은데 그만큼 동네 전체가 노쇠했다고 보면 돼요."

■ 적막함 속에서도 잃지 않는 정겨움

한때의 영화를 뒤로 한 채 체념과 무기력의 기운이 가득한 얘기들만 주구장창 듣다 보니 나조차도 힘이 빠져서 뭐라도 좀 먹고 기운을 내보자는 생각이 들었다. 몇 번 밥 먹으러 갔다가 정이 든 '마을식당'으로 향한다. 이 식당은 간판부터 모든 것이 오래된 곳임을 바로 느낄 수 있을 만큼 곳곳에 시간의 흔적이 묻어있다. 의자도, 메뉴판도 하나같이 정겹게 낡아 있다. 이 식당을 40년 정도 운영해오고 있다는 이종순(83) 어르신과 식당 일을 돕고 있는 이미정(45) 씨도 모두 대평동 토박이들이다. 시간의 때가 고스란히 묻어있는 이 정겨운 식당에서 꾸역꾸역 밥을 입속으로 밀어 넣고 있자니 문득, 한때 MBC의 느낌표 선정도서가 되어 베스트셀러가 됐던 유용주 시인의 산문집 〈그러나 나는 살아가리라〉가 떠올랐다. 하루하루 생활의 고통 속에서 낳은 정직하고도 넉넉한 문장들. 밑바닥 삶을 절절하게 체험한 시인이 그 구체적인 경험을 통해 밀어낸 치열한 문장들. 그래서 소설가 한창훈은 이렇게 평했더랬다.

"형의 글을 읽고 있자면 멸종을 눈앞에 둔 거대한 초식 동물이 쪽쪽 핏물 점찍어 허공에 그려놓은 무슨 거미줄을 보는 듯하다.”

생각해보면 처음 받았던 대평동의 강렬한 인상은 단순히 일상에서는 보지 못했던 크고 작은 쇳덩어리들과 선박들, 지나갈 때마다 들리던 그 기계 마찰음과 망치 소리들, 정신이 아득해질 만큼 독했던 약품과 기름 냄새들 때문만은 아니었던 것 같다. 그 강렬함은 오히려 생의 치열한 한때를 보낸 사람들이, ‘내 삶의 주인은 오롯이 나였다’는 듯 저마다 뿜어내는 어떤 옹골찬 기운, 다시 말해 구체적으로 손에 잡히거나 눈에 보이지는 않지만, 한창훈 작가가 말한 것처럼 그렇게 ‘멸종을 눈앞에 둔 거대한 초식 동물이 쪽쪽 핏물 점찍어 허공에 그려놓은 무슨 거미줄’과 같은 것을 목격한 뒤에 찾아오는 강렬함이 아니었을까.

점심을 먹고 1시 조금 넘은 시간 동네를 나서면 여전히 물양장 근처 공업사 주변은 정신없이 바쁜 사람들과 시끄러운 소음으로 가득하다. 어떤 골목은 지나는 차에 치일 만큼 혼잡하기까지 하다. 특히 월요일 점심 이후의 시간은 정신이 없다.

용달차로 대평동 일대를 30년간 돌아다녔다는 김영구(75) 어르신은 오늘도 까맣게 얼굴이 탄 채 마을 여기저기를 누비고 있다. 짠 내와 쇳내만 남은 적막한 대평동의 뒷골목에서 문득, 끝끝내 일상의 힘을 믿으며 다시 아침을 맞이하는 이들의 정겹고도 오래된 풍경을 본다.

'그러나 나는 살아가리라'

묵묵히 움직이며 하루를 보내고 있는 대평동 사람들의 모습에서 또 한 번 듣게 되는 목소리다.

9

근대문화유산의 보고, 깡깡이마을

부산만이 가진 근대문화유산의 가치에 오랫동안 천착해온 경성대 도시공학과의 강동진 교수는 말한다. [5]

"그동안 우리는 너무 바다 자체에만 매달려왔다. 이제는 부산의 바다 문화를 다양하게 확장해야 한다. 남항이 품고 있는 이야기들은 부산과 시민 모두의 삶을 통해 남겨진 '소통'과 '공생'의 흔적들이며, 부산의 원 산업과 이를 지원하는 항구의 살아있는 유산들이다. 여명이 트기 전 남항이 살아있음을 가장 먼저 알리는 충무동 새벽시장, 바다와 땅을 이어주는 낡은 선창들과 갖가지 모양의 계선주, '깡깡' 거리던 소리는 사라졌지만 여전히 분주하게 움직이는 조선소들, 조선 수리 부품과 어구를 만들고 판매하는 물가에 줄지어 선 작은 가게들, 영도다리 밑을 바삐 오가는 크고 작은 선박들, 남항의 생명력과 정을 나누어 주는 수산시장들, 그리고 그 사이사이에서 남항 사람들의 시름을 달래주는 오래된 다방들과 소박하지만 맛난 밥집들, 이 모두가 남항을 지탱하는 보석들이다."

꼭 그 말처럼 대평동은 부산뿐 아니라 전국 어디와 비교해도 뒤지지 않을 만큼 풍부하고 의미 있는 근대문화유산으로 가득

5) 플랜비문화예술협동조합,
   〈부산을 알다〉(2015부산발전연구원 부산학 시민총서), 2015   139

한 보고이다. 부산항과 원도심을 조망할 수 있는 최고의 경관 자원뿐 아니라 인근에 천마산, 남부민새벽시장, 자갈치시장, 용두산, 남포동, 롯데타운, 영도대교, 절영산책로, 흰여울문화마을, 삼진어묵 등 최근 들어 한창 주목받고 있는 관광지들과 인접해있다. 여기에 적산가옥, 이북동네, 부산 최초의 주공복합 아파트인 대동대교맨션, 영도 최초의 유치원인 대평유치원 등 풍부한 역사문화자원을 갖추고 있기 때문이다.

■ 열거하기 숨찰 만큼 수많은 대평동의 근대문화유산들

뭐니 뭐니 해도 우선 가장 유명한 영도대교를 빼놓을 수 없다. 영도대교는 75년 동안 부산시민은 물론 한국인들과 애환을 함께 해 온 근대 부산의 상징이자 한국의 상징이랄 수 있다. 1934년 개통 후 하루 7차례씩 들어 올렸는데 이 모습을 보기 위해 모여드는 인파들로 북새통을 이루곤 했다. 영도다리는 해체된 뒤 2013년, 6차선 도로와 도개 기능이 갖춰진 다리로 새로 복원되었다. 남포동과 영도를 잇는 영도다리가 도개(跳開) 기능을 되찾은 것은 지난 2013년 11월 27일로 재개통

된 영도다리(현 영도대교)는 4년간의 공사 끝에 기존 왕복 4차로를 6차로로 확대했고, 이름도 영도대교로 바꿨다. 매일 오후 2시에 육중한 상판을 들어 올리는 장관을 연출하고 있다.

영도대교 도개 모습

대평동에 남아있는 근대문화유산을 시기별로 찬찬히 살펴보면 먼저 조비나 신사를 들 수 있다. 조비나 신사는 일제강점기에 만들어졌으나 13세기 카 마쿠라 시대의 무장인 아사히나 요시히데를 모신 신사로, 현재의 대평동 시장 주변을 그 터로 추정하고 있다. 16세기 조선 중기에는 살마굴과 절영도 왜관이 있었던 자리로서 역사적 의미를 갖는다.

이후 대평동에는 개항과 함께 한국 최초의 근대식 조선소인 다나카 조선소가 들어섰다. 원래는 바다였던 곳을 매축해 육지로 만들어 조선소를 세운 지금의 마스텍 중공업 거리에 가 보면, 길 하나를 사이에 두고 발전된 조선소의 모습과 오래된 주택가의 모습이 대조를 이루면서 지난 100년의 세월 속에 담긴 흔적을 여전히 느끼게 한다.

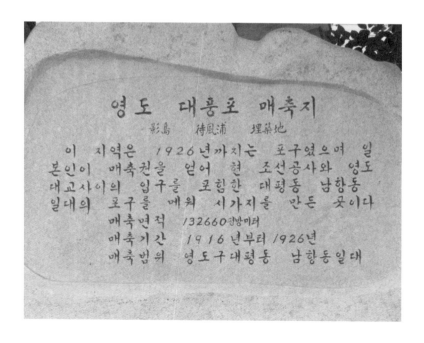

마을을 매축하면서 이를 기념해 만든 대풍포 매축비는 100년전까지만 해도 바다였던 마을의 역사를 기록하고 있다. 지금은 운행되고 있지 않지만 20세기 초반부터 주민들을 자갈치시장을 비롯한 원도심까지 태워다주며 통통댔던 통선이 오가는 도선장이 있었고 삼광선박기계공업사 옆에는 주로 노동자들을 태워주는 배가 머물던 간이선착장도 있었다. 오랫동안 집에 들어가지 못하면서 일터를 떠돌던 노동자들의 애환의 장소인데, 지금은 도선의 선착장으로 쓰던 잔교만이 그대로 남아 있다.

일제강점기에 일본인들이 지은 수많은 가옥과 공장 및 창고역시 이제는 사라질 위기에 처한 근대유산들이다. 해방과 함께 일본인들이 본국으로 급히 돌아가느라 자신들의 집과 건물을 헐값에 넘겨 아직도 상당수가 남아 당시의 흔적을 보여주고 있다. 아직도 영업 중인 실비식당은 이전에 일본인들이 살던 이층집이었는데 지금은 계단을 없애고 사다리를 놓아 식당으로 개조해 사용하고 있다. 김동진 통장님이 운영하고 있는 세탁소 역시 근대화 초기 '문화주택'이라 불렸던 화양절충형 이층집이다. 지금 대평동에 있는 일층짜리 주택들 대부분이 이렇듯 예전에는 2층 가옥이었다. 대체로 2층으로 되어있는 목조 주택들은 화재나 기타 여러 이유로 인해 시멘트와 벽돌 등으로 개조되기도 했다. 이런 건물 안의 나무계단은 아주 작고 촘촘하며 군데군데 벽은 흙으로 되어있고 나무로 지붕을 만들고 뒤에 슬레이트를 덮은 집이 많다.

니시혼간지 터에 세워진 지금의 대평유치원

해방 전까지 니시혼간지가 있었던 터에는 영도 최초의 유치원인 대평유치원이 들어서있다. 니시혼간지는 고기를 많이 잡게 해달라고 부처님께 기원하던 300평 정도 규모의 아주 큰 사찰이었다. 목조였던 건물을 해방 후 부수고 시멘트로 재건축했지만, 정문에 있는 기둥은 일제강점기 그대로의 재질에 페인트칠만 다시 한 것이다.

　한국전쟁 당시에는 피난수용소 역할을 하기도 했다. 한국전쟁 당시 피난민들이 정착하기 위해 지었던 판자촌과 이북동네 역시 그대로 남아있어 우리 역사의 아픔을 간직한 가옥 형태를 확인할 수 있다.

용신당 현판 모습

　남항동 옛 수산진흥원 자리 뒤에 있었던 용신당(龍神堂)도 빼놓을 수 없다. 용신당은 일반적으로 먼 바다로 나가 조업하는 사람들의 안녕을 빌기 위한 용도로 세우는 사당인데 이곳에는 독특하게 일본의 할매신인 '카미(神) 사마'가 모셔져 있다. 이곳에서 매축과 다리공사 도중 사망한 수많은 조선인들의 넋이 귀신이 되어 돌아다닌다고 믿었던 일본인들이 두려움을 없애기 위해 자신들의 할매신을 데려와 모셔두었다는 설이 파다하다. 용신당에서 해안가를 바라보면 바로 앞에 홍등대가 보이는데 이것은 바다 건너편 남부민동의 백등대와 한 쌍이다. 항해하는 선박이 바다에서 항구로 들어올 때 좌측에는 백등대, 우측에는 홍등대를 보도록 설치했다. 밤에는 좌측 백등대에서 흰빛이, 우측 홍등대에는 빨간빛이 깜빡인다. 선박이 이 두 불빛 사이로 들어오면 안전하다는 것을 알려준다. 이 등대들도 일제강점기에 부산 남항을 이용하던 일본인들이 만든 것이다. 1883년 7월 체결된 조선무역 규칙 중 해관세목에서, "한국 정부는 금후 통상각항을 수리하고 초표를 설치한다"는 조문에 따른 사업이 등대 설치였다. 1906년 정부 차원에서 5개년 계획으로 항로표지 설치 사업을 착수하면서 '목도(영도의 옛 이름) 등대'도 설치되었다. 홍등대가 있는 남항방파제는 1930년 일본인들이 부산 남항 수축공사 때 매립과 함께 추진한 사업으로, 1934년 2월에 착공이 되어 1939년 2월에 준공되

었다. 맞은편 송도가 보이는 남항방파제는 지금은 낚시꾼들에게도 인기가 많은 곳이다.

홍등대에는 영도 사람들에게 전해오는 이야기가 있는데, 영도에 사는 순이와 남부민동의 철수는 연인 사이였다. 이들은 영도다리가 만들어지기 전까지는 서로 만나기 어려웠다. 순이는 등대에서 연인이 오기만을 하염없이 기다린다. 마침내 모습을 드러낸 철수에게 순이가 안부를 외친다. 지척에 있는 두 등대에서 연인을 향해 힘껏 안부를 외치면 그 소리가 메아리로 들릴 만하다. 이런 전설은 구도심 영도의 외로운 감성을 표현한 것이리라. 홍등대에서 해안가를 따라 걸으면 남항대교가 나온다. 홍등대 근처 남항대교 근처에는 산책코스가 마련되어 있다. 또한, 남항대교는 사람들이 바다를 보며 걸을 수 있게 되어 있다. 이 위에서는 홍등대와 백등대가 한눈에 보이고, 남포동과 용두산 공원, 남부민동과 해안가의 수많은 배를 볼 수 있다.

■ 전차와 창고, 근대의 일본과 미국이 남긴 흔적들

영도다리가 개통된 다음 해인 1935년부터는 전차가 운행됐다. 일제강점기의 교통수단으로는 자동차와 인력거, 객마차가

있었는데 여기에 쇠수레라 불리는 열차와 전차가 도입되었던 것이다. 1966년 영도다리 도개가 폐쇄되고 1968년 시내 전차 운행 폐지로 선로가 철거되면서 33년간의 전차운행은 막을 내렸지만 이 역시 빼놓을 수 없는 근대문화유산이다. 1935년 2월에는 중앙동에서 갈리어 영도다리를 통과하는 복선궤도의 연장을 보게 되었다. 그 후 일제강점기 말기에는 광복동선을 없애고 오늘의 충무로선이 신설된 이외는 해방에 이르기까지 변동이 없었다.

영도다리를 건너온 전차가 머물던 종점 위치는 남항동 2가 244-1번지(현 남항동 제3 영도교회 앞 5거리)였다. 영도구청은 1991년 영도 전차종점 자리에 전차와 함께한 옛 추억을 되새기기 위해 그곳에 '영도 전차종점기념비'를 세웠다. 이곳에 전차종점이 있었다는 것은 근대 문명의 시발지이자 종착점으로서 대평동의 의미와 위상을 생각하게 한다.

일제강점기에 부산의 주요 대중교통이었던 전차는 영도다리를 거쳐 남항동의 종점까지 왕래했는데 전차의 운행으로 영도 섬과 부산 내륙 간의 거리는 한층 좁혀졌다. 지금도 부근에 한국통신과 한국전력 영도지점 등 영도 관내의 통신 및 전력을 총괄하는 기관이 있다는 것은 일제강점기에 담당했던 행정적 기능이 이어져 오고 있는 것으로 볼 수 있다.

영도에서 83년간 거주한 김필환(85) 씨에 의하면 당시 전차 요금은 3전, 5전 정도였다고 한다. 교육공무원 출신으로 1953년부터 1984년까지 부산시 교육위원회에서 근무한 바 있는 김필환 씨의 한 달 월급이 24원 정도로 당시 쌀 한 가마(50kg)가 7원이었다고 하니 전차 요금이 만만치는 않았던 것 같다. 전차 노선은 영도 - 대신동 - 서면 - 온천장(동래)이었으며 영도에서 서면까지가 3전, 영도에서 온천장(동래)까지가 5전이었다.

전차는 처음은 부산진, 초량 사이 다음은 초량, 부산 우편국 앞 사이에 부설되었고 부산, 동래 간은 경편궤도를 2.5피트로 개량, 경편과 전차를 겸용하게 됐다. 부산과 온천장 사이의 8여 마일은 1915년 10월에 공사가 준공되어 같은 달 31일에 개통식이 거행되었으며 11월 1일에 운수를 개시했다. 부산 우편국 앞에서 대청동, 보수동, 부성교(현 토성교)를 지나 오늘날

한전(韓電)앞에 이르는 시내선은 1916년 9월 개통되어 같은 달 22일부터 영업이 개시됐다. 다시 1917년 12월 우편국 앞에서 중앙동, 광복동 거리를 지나 한전 앞에 이르는 전차선이 준공되어 같은 해 12월 18일 시험 운전을 시작했다. 당시 전차노선의 총연장은 12.8마일이었다.

"전차가 처음에는 영도에서 시청까지, 지금 롯데백화점 자리까지 다니다가 통학인구가 자꾸 많아지니까 노선을 확장해서 대신동까지 가고, 그다음에는 동래, 초량까지 가게 된 거지. 영도로 들어올 때는 영도다리를 통해서 들어왔어. 영도다리 중간에 선로가 있었다 아이가. 나도 학교 다닐 때 많이 탔지. 통학권이 한 달에 80원 정도 했을 거야. 사람들 진짜 많이 탔지. 아침에 등교할 때는, 거 콩나물시루라 시루. 빽빽하게 다들 서서 타고 다녔어. 버스는 나중에 다니기 시작했지. 버스 나온 다음에도 전차가 더 쌌으니까 여전히 전차를 많이 탔지. 1968년쯤 없어졌던 것 같은데. 자동차가 하도 늘어나서 차가 막히니까 전차 없애면서 버스 노선을 확장했지."

- 삼영상회 앞 장실근, 전승갑

대평동 조선소 거리에는 조선소에서 사용하던 일제강점기의 창고들도 많다. 그중 눈여겨보지 않으면 지나치기 쉬운 낡은 창고로 옛 정화창고라 불리는 건물이 있다. 이 창고를 둘러싼 전설이 있다. 일제강점기에 많은 여성이 시대의 광풍에 휘말려 원치 않게 일본으로 건너가게 되었는데 그중 이름 모를 한 여인이 남들처럼 일본에 반강제로 끌려가게 됐다고 한다. 처음에는 열심히 자리를 잡으려 부단히 노력했지만 살아가면 살아갈수록 고향에 대한 그리움은 더해졌고 결국 그녀는 고향에 대한 사무친 그리움을 이기지 못해 바다에 몸을 던졌다. 그 여성의 소망이 너무나 강렬했기 때문이었는지 그녀의 몸은 파도에 실려 떠내려가다 이곳으로 돌아왔다고 한다. 일본은 이를 참고삼아 이 창고 앞에서 해류를 통해 나가사키 앞바다로 물건을 실어 나르는 수송 방법을 실험했다고도 하는데 이름 모를 여인의 한 이야기가 일본의 실험을 이끌어냈다는 아이러니한 이야기를 지금까지 남아있는 창고가 전설처럼 전해주고 있다.

해방 이후 인근에 지어진 20여 채의 창고 중 가장 유명했던 것은 승리창고였는데, '승리창고 조청 빼먹던 재미'라는 말

을 남길 정도였다.

"처음에는 승리창고가 아니고 기름 회사였지, 그러다가 미국에서 원조 들어오는 것들 쌓아놓는 보세구역으로 썼고. 밀가루나 설탕 같은 거 있잖아? 한국에 원조 들어오는 물건들. 그런 물건들을 요 앞 바지선에 싣고 들어와서 노가다들이 막 짐 지고 해서 창고에 재 놓는 거지. 당시에는 일본말로 하시키라 했고 우리말로는 부선이라고 부르던 배였는데 요래 타원형으로 생긴 배였어. 거기 싣고 온 물건들을 내려서 승리창고에 보관했다가 전국으로 배급하는 용도로 정부가 관리했지."

- 삼영상회 앞 장실근, 전승갑

10

깡깡이마을,
문화와 예술의 힘으로 다시 태어나다

깡깡이마을 대평동은 또 한 번의 재도약을 준비 중이다. 2015년 부산시가 민선 6기 공약사업으로 공모한 예술상상마을 사업에 선정되면서 일상과 문화에 주목하는 새로운 시대의 패러다임을 기반으로 다시 한번 마을의 활기를 북돋기 위해 많은 전문가가 한자리에 모인 것이다. 깡깡이예술마을 사업은 영도 대평동 일대를 중심으로 진행되는 문화예술형 도시재생 프로젝트로 부산시와 영도구, 영도문화원과 대평동 마을회, 그리고 지역의 사회문화디자이너들이 모인 로컬혁신그룹 플랜비문화예술협동조합이 함께 하는 사업이다. 예술가들의 상상력과 주민공동체의 역량, 그리고 청년들의 활력으로 토목과 재개발이 아닌 예술과 문화를 주요 매개로 삼아 새로운 도시재생의 모델을 제시하려는 것이다. 기존의 것을 부수고 새로 짓는 방식 대신 폐공가와 유휴시설을 적극 활용하고 무엇보다 오랫동안 마을에 터를 잡고 살아온 주민들의 이야기를 토대로 자립과 지속성을 확보하고자 하는 사업이다.

■ 해양과 재생, 커뮤니티라는 세 가지 핵심비전

한국 최초의 근대식 조선소가 들어선 깡깡이마을은 지금은 비록 쇠락했다지만 여전히 선박수리를 포함한 수산업과 조선업의 원형을 간직하고 있는 서민적인 동네다. 작은 포구와 배, 사람들의 모습은 소박하지만 독특한 정취를 느끼게 한다. 영도대교와 삼진어묵을 거쳐 깡깡이길이라 불리는 수리 조선소 길로 들어서면 이후 흰여울마을과 공동어시장, 자갈치시장으로 이어지는 남항 바닷길이 나온다. 반나절이면 둘러볼 수 있는 진짜 삶의 모습들이다. 초라할지 몰라도 여기에는 무분별한 개발의 틈바구니에서 용케 살아남은 존재들이 뿜어내는 웅숭깊은 감동이 있다. 그것들은 시간과 공간을 뛰어넘어 실핏줄처럼 서로 연결되어 지금의 우리를 새롭게 바라보게 한다.

깡깡이예술마을사업은 해양과 재생, 커뮤니티라는 세 가지 핵심비전을 축으로 진행된다. 우선 영도의 관문지역으로서의 대평동이 가진 풍부한 해양생활문화와 근대 산업유산을 바탕으로 항구도시 부산의 원형을 재생하려 한다. 감천문화마을로 상징되는 산복도로 재생에 이어 해양문화 수도인 부산만의 특색을 바탕으로 하는 도시재생의 새로운 방향을 제시하려는 것이다. 또, 기존의 개발형 북항 모델과 달리 근대문화 산업 유산을 보존하고 문화예술의 상상력을 불어넣는 재생의 모델을 제시하고자 하며 끝으로 주민과 예술가들이 함께 교감하는 문화예술 커뮤니티 형성을 통해 부산의 원도심과 영도를 연결하는 관문지역으로서의 재창조를 목적으로 하고 있다. 한때 변방으로 밀려났던 사람들의 이야기, 고단한 삶을 이겨내기 위해 이곳에 모인 사람들의 이야기를 기억하고 재발견하는 일이며 마을이 가진 의미와 가치, 대평동만의 독특한 문화를 새로운 관점에서 바라보아야만 가능한 일이다. 시간이 지나면서 자연스레 켜켜이 쌓인 이 마을의 모든 것이 사실은 문화이고 예술이다. 무엇보다 주민들의 삶이 그렇다.

"깡깡이예술마을 사업을 진행하기 위해 대평동에 온 지도 벌써 석 달이 지났습니다. 마을 분들과 자주 만나며 들었던 이야기 중에 기억에 남는 게 몇 가지 있습니다. 첫째는 70~80년대 부산에서 가장 많은 세금을 내던 동네 중 하나였다는 점이고요, 부산에서 손꼽을 정도로 빠르게 초등학교에 최신식 급식시설을 도입했던 앞서가는 동네였다는 것입니다. 그중에서도 가장 멋지다 여긴 점은 대평동은 다른 어떤 마을도 따라오지 못할 정도로 주민들 사이가 돈독하고 좋았다는 것입니다. 자주 만나 음식을 나누고 자체적으로 '동민의 상'이라는 것을 만들어 수여할 정도로 이웃의 선행에 대해 칭찬과 격려를 아끼지 않았다고 합니다. 그뿐만 아니라 매년 동민체육대회도 열어 영차, 영차, 함께 땀도 흘리며 친목과 우애를 다졌다고 하더군요.

　1998년 대평동이 남항동으로 편입되고, 마을 주민도 많이 줄어들게 되자 예전처럼 주민들이 한 곳에 모이는 일은 많이 줄었다고 합니다. 제가 만난 주민분들은 하나같이 '그때가 좋았지…'라며 예전을 그리워하십니다. 깡깡이예술마을 사업을 진행하면서 마을 분들에게 꼭 필요한 것이 무엇일까 고민하던 차에 대평마을회 회장님과 부회장님, 총무님으로부터 마을신문이 있으면 좋겠다는 이야기를 듣게 되었습니다. 1990년대에도 마을신문을 발행한 적이 있었는데 마을 소식을 두루두루 전할 수 있어서 참 좋았다는 것입니다. 서로 먹고살기 바쁜데 폐가 될까 싶어 마을에 크고 작은 일이 생겨도 연락하지 못했지만, 마을신문이 생긴다면 마을 사람 누구나 마을 일을 두루두루 알게 되지 않을까, 마을 일에 관심이 있어도 선뜻 물어볼 수 없었는데 마을신문이 있으면 자연스레 알 수 있게 되지 않을까 하고 기대해봅니다. 마을이라는 울타

리 안에서 더 많은 정이 넘치는 대평동이 되기까지, 마을신문
은 그 출발점이 되었으면 좋겠습니다."

– 깡깡이예술마을사업단 사무국

■ 깡깡이예술마을사업, 본격적인 시작을 알리다

찌는 듯한 무더위가 한풀 꺾이고 아침저녁으로 바람이 선선
해지기 시작하던 2016년 9월의 어느 수요일 저녁, 대평동 경
로당에서는 이 지역 출신 가수인 현인의 노래 <굳세어라 금순
아>가 흘러나오고 있었다. 간주 사이로 사회자의 설명이 이
어졌다.

"가사에 등장하는 영도다리는 갖가지 사연과 눈물이 넘친
시대의 상징이었습니다. 이처럼 가요에는 한 시대의 역사와
문화가 녹아들어 있습니다."

2016년 8월부터 매주 수요일마다 마을 경로당에서 진행되
고 있는 '문화사랑방' 자리였다. 약 40여명의 주민들이 눈을 지

그시 감고 노래가 이끄는 추억 속에 잠겨있었다. 깡깡이예술
마을사업단은 그 옛날 사랑방에 모여 오순도순 이야기를 나누
던 추억을 떠올리며, 매주 수요일 저녁 대평동 경로당에서 마
을 주민들과 함께 모여 맛있는 음식을 나누고 음악을 듣거나
소소한 마을의 이야기를 나누는 문화사랑방 자리를 마련했다.
부산 곳곳에서 활동 중인 문화기획자, 마을활동가, 건축사무
소 소장, 화물선 선장 등 다양한 분야의 전문가들이 함께하며
주민들과 생생한 경험에서 우러난 이야기를 들려준다.

 "9월 7일에 있었던 문화사랑방은 특히 인상적이었습니다.
마을의 가장 큰 어르신인 올해 아흔네 살의 이집윤 노인회장
님과 마주 앉아 살아오신 얘기들을 듣는 자리였거든요. 지금
의 대평동이 있게 한 선인들의 노력도 깨닫고 소원해진 이웃
간의 정도 새삼 다시 한번 확인할 수 있었던 자리였습니다.
1980~90년대 주로 활동하셨던 노인회장님께서 당시 대평동
의 모습과 마을회가 자리 잡게 된 과정에 대해 꺼내주신 이야
기들은 주민들로 하여금 마을의 과거와 현재를 생각해보는
계기를 마련해주었습니다. 특히 인상에 남는 이야기는 '대평
동 마을회가 이만큼 자리 잡게 된 과정이 결코 순탄치 않았지

만 좋은 뜻을 가진 이들이 합심해 지금에 이를 수 있었다'는 말씀이었습니다. 사실 이집윤 노인회장님이 그 일을 해낸 주인공이기도 합니다. 지금 대평동 마을회관 사무실에는 '見利思義(견리사의)'라고 적힌 족자가 있습니다. 노인회장님께서 마을을 이끌어가는 지도자와 운영위원들이 가져야 할 마음가짐을 항상 보며 기억할 수 있게 직접 써주신 글입니다. 이집윤 노인회장님의 선비정신 만큼이나 본받고 싶은 것은 강의를 마치고 사모님과 함께 서로를 의지하며 걸어가시는 모습이었습니다. 인생의 선배를 이렇게 가까이 모시고 이야기할 수 있는 시간이 있어 행복했습니다." - 김동진 통장님

2016년 9월 30일에는 깡깡이예술마을 사업의 본격적인 시작을 알리고 대평동의 안녕을 기원하는 현대판 신(新)지신밟기 공연인 '벽사유희'를 중심으로 선상투어, 마을 거리투어, 먹거리 나눔 행사를 진행하는 첫 번째 물양장살롱이 대동대교맨션 앞 물양장 일원과 대평동 마을시장에서 펼쳐졌다. 오전까지 쏟아지던 빗방울도 기다렸다는 듯 행사 시간에 맞춰 멈춰주었고 4시경부터 시작된 흥겨운 풍물놀이로 대평동 마을 주민들을 비롯해 영도구청 공무원, 남항주민자치센터 공무원, 깡깡

이예술마을 사업단, 외부에서 관심을 두고 찾아온 시민들, 언론사 기자 등이 한데 어울려 흥겨운 가락에 어깨춤을 추기 시작했다.

 길놀이패가 경로당 앞에 도착하니 100여 명의 마을 주민이 큰 박수로 맞이해주었고 이내 벽사유희 풍물패와 대평마을 주민과 어울림 한마당이 펼쳐졌다. 사물놀이와 관악기, 마을 어르신들의 어깨춤까지 더해진 앙상블 공연을 한바탕 끝내고 대평마을 사업의 성공을 위한 고사도 올렸다. 이집윤 노인회장님, 이영완 마을회장님, 그 밖의 운영위원, 영도구청 관계자와 사업단 일원이 앞에 선 가운데 마을 주민과 함께 복을 나누고 잡귀잡신을 소멸하고 만복을 기원하는 정성을 드렸다. 고사를 마친 후 음식 잔치가 벌어진 자리에서는 웃음꽃이 피고 좋은 이야기들이 오갔다.

 물양장살롱은 행사 전부터 부산일보, 국제신문 등 주요 일간지에 소개될 만큼 많은 언론의 관심을 받았고 기사화되었다. 행사 당일 함께 진행된 '깡깡이길 둘러보기' 투어 프로그램도 순조롭게 마무리되었다.

"과거 마을에서도 세시풍속으로 해오다가 중단된 길놀이며 고사를 마을에서 다시 볼 수 있게 되어 감회가 새롭습니다. 앞으로도 이런 축제가 대평동에서 계속 열릴 수 있도록 노력하겠습니다." - 대평동 마을회 이영완 회장님

■ 깡깡이예술마을사업에 대한 주민들의 기대

첫 번째 물양장살롱의 길놀이를 통해 깡깡이예술마을사업의 취지와 계획을 좀 더 구체적으로 느끼게 된 주민들이 더욱 적극적으로 사업에 관심을 가지게 된 것은 큰 보람이었다. 대평동 축젯날 마침 개업식을 한 영신정밀은 오랜만에 풍악패가 울리는 동네의 잔치 분위기 속에서 기분 좋은 고사를 지낼 수 있었고, 풍악패는 골목을 돌아 나가다 마주친 쌀 한 됫박을 소담하게 담은 그릇 하나와 촛불 하나를 집 앞에 내놓고 가지런히 손을 모으고 있던 한 할머니를 위해서도 정성껏 풍악을 울리고 축문을 외웠다. 할머니는 축문이 끝날 때까지 두 손을 모으고 허리를 숙이고 있었다.

이제 깡깡이예술마을 사업은 더욱 박차를 가하며 마을 여기 저기에서 진행되고 있다. 그 결과들은 2017년 연말에 나올 이 단행본 시리즈의 마지막 3권에서 더 자세히 소개할 계획이다. 낡은 창고나 공업사의 벽면을 페인트로 칠해서 거리에 활력을 주고 지역의 인상을 산뜻하게 변화시키기 위해 기획한 페인팅 시티와 월 아트 프로젝트가 진행 중이며 주거지 내 공 폐가 철 거지원 사업으로 조성된 대평동 2가 18통 내 기존 쉼터를 쌈 지공원으로 조성하는 사업도 진행되고 있다. 공원 바닥 및 기 본구조물이 조성된 이후에는 예술가와 주민들이 함께 녹화 조 성 방식 등의 아이디어를 공유하고, 작은 구조물을 제작하여 예술과 자연을 느낄 수 있는 쉼터로 만들어가려는 것이다. 예 술가들이 색채, 소리, 빛 등을 활용해 대평동에 부족한 벤치나 조명시설 등을 제작, 설치하는 퍼블릭아트 프로젝트의 일환 이다. 예술가의 상상력과 수리 조선 1번지 대평동을 상징하는 다양한 재료가 결합해 만들어지는 아트벤치는 마을버스 정류 장 두 곳에, 라이트작품은 어두운 골목길에, 움직이는 조각 작 품은 바람이 많은 선진엔지니어링 부근에 설치된다. 주민들의 기대도 갈수록 커지고, 그만큼 바라는 점도 늘어나고 있는 것 은 당연한 일이다.

167

"깡깡이예술마을 사업단에서 수리 박물관을 조성한다고 들었습니다. 단순히 물건을 전시하는 것에서 그치기보다, 대평동 수리 박물관에는 실제 연장을 손에 들고 '깡깡'하고 소리를 내 볼 수 있는 체험관을 구성하면 어떨까 하는 아이디어가 떠올랐습니다. 녹음된 소리도 좋지만, 사람들 손으로 울리는 깡깡이 소리는 자기만의 특별한 깡깡이 소리가 될 것이라 생각합니다. 대평동은 좀 더 다양한 체험을 할 수 있는 생동감 넘치는 곳이 되었으면 합니다. 우리 마을을 위해 최선의 노력을 다하고 계신 모든 분들, 파이팅입니다!" - 이춘옥님

국민일보, "부산 두 번째 문화마을 생긴다, '깡깡이예술마을' 본격 개발", 2016.09.29.
한국일보, "끊어진 영도 뱃길 잇고, 항구의 역사문예 다시 입힌다", 2016.11.27
국제신문, "예술상상마을로 변신한 조선 1번지 '깡깡이마을'", 2017.02.09
MBC 공간다큐 그곳, "소리로 기억되는 마을, 영도 깡깡이촌", 2017.02.16
부산일보, "영도 '깡깡이마을' 대변신 중", 2017.02.24.

깡깡이예술마을사업단 공식 홈페이지 www.kangkangee.com
페이스북 www.facebook.com/KANGKANGEE2016

11

에필로그

지도와 사진으로 보는 깡깡이마을

부산대학교 건축학과 정재훈 교수

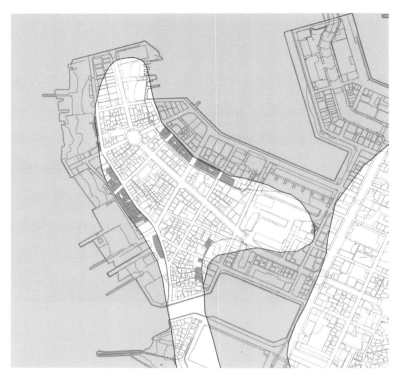

대평동 매립이전의 지형 (1905)

1. 개항시기 변화 이전

1) 대평동 형성의 역사와 현재의 흔적

여기서는 1900년대 초반부터 한국전쟁 발발 시기까지 50년간 대평동 깡깡이마을의 궤적을 지도를 통해 살펴본다.

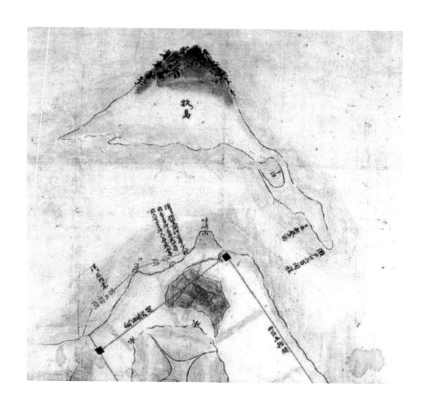

초량지회도(草梁之繪圖) 17세기 후반

　18~19세기 대평동의 지도에서는 일본인의 배의 정박시설과,
말들이 뛰어노는 마장의 모습으로 그려진다. 그림의 표현과
마장의 사용 등으로 유추컨대 원래 지형이 완만하고 퇴적층의
토질로 이루어진 풀밭이었을 것으로 사료된다.

대평동의 현질서의 내부에는 자연지형의 영향을 받은 가로 및 건물의 흐름이 많은 곳에 남아있다. 대평동 일대에 '일본선계소 뢰호구이백간정(日本船繫所, 瀨戶口二百間程)'이라고 적혀있는데, 일본선계소는 일본 선박을 메어두는 곳이라는 의미이며, 왜관과 영도 사이 해협의 넓이는 200칸 정도라는 것이다. 영도가 왜관과 가까운 섬이므로, 초량왜관을 조성할 때 왜관과 영도 사이를 왕래하는 계획을 이미 세웠다는 것을 알 수 있다. 또한 선박 왕래에 필요한 물길의 넓이를 그림에 적어 두었다.[1]

1) "조선후기 대일교류와 영도의 공간적 특성"
부산대학교 한국민족문화연구소 연구보고서, 양흥숙

2) 지형변천 1900-1910, 해안선의 후퇴와 영도본섬과의 연결

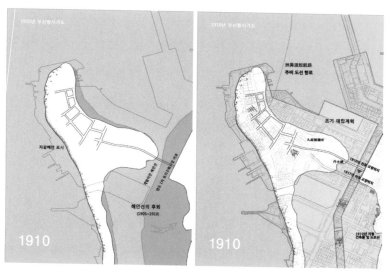

1920년 해안선의 후퇴 / 초기가로 형성   영도본섬과 연결 / 장기매립계획

대평동은 18세기 일본지도에서 주빈(洲濱)이라 불리었다. 1910년 지도를 보면 명칭이 주비(洲鼻)로 변경된 것을 알 수 있다. 우리가 대평동의 옛 명칭이라고 알고 있는 주갑(洲岬)이라는 명칭은 1911년부터 본격적으로 사용된다.

개항초기의 지도를 보면 대평동 곳곳에 제염소가 있었음을 알 수 있다. 정제 과정에서 많은 화력이 필요했고, 열도 많이 발생시켰다는 것을 생각해 보면 아직까지는 주거나 다른 서비스를 위한 토지이용이 활발하지는 않았을 것으로 예상된다. 그럼에도 1905년 불과 몇 채에 불과하던 건물이 주비도선항로가 활발히 오가기 시작하면서 1910년 전후의 사진으로 추정하건데 몇 년 만에 개발이 많이 이루어졌음을 알 수 있다.

　1910년의 지도는 개발이전 자연 상태의 지도로 해안선이 많이 후퇴하였는데 영도 본섬에서는 단단한 기반층까지 후퇴하였다. 부산역 및 경부선철도공사 등 많은 개발 사업에 이곳의 모래가 유출되었음이 쉽게 짐작가능하다. 그와 동시에 일찍부터 대풍포과 영도본섬을 연결 매립할 계획을 갖고 있었는데, 초기계획은 북항 1, 2 부두와 같이 긴 정박선을 갖는 형태를 보인다. 1938년 연결매립까지 대평동은 본섬과 교량으로 연결되어 1910년의 계획을 유지한다. 1917년 이후부터 1930년대 후반까지 대평동과 영도를 잇는 교량은 현대의 대평로와 일치하는 위치에 있었는데 1917년 이전의 교량은 현재 절영로의 위치에 있었다. 교량의 명칭이 단목교(丹木橋)인 것으로 미루어 목교임을 유추할 수 있다. 단목(丹木)은 일본에서 철도공사를 위한 침목을 달리 부르는 말로 교량제작에 사용된 재료가 경부선공사에 쓰인 재료와 일치하였을 것으로 생각된다. 그러나 위치만 알 수 있을 뿐 단목교의 형태는 물론 고정교량이었는지, 부목교의 형태였는지도 현재로서는 추정이 어렵다.

(부산측후소) Cape makinoch'ma Fusan 釜山牧之島洲岬を望む 1·6

남항부분이 배경으로 나온 것으로 보아 대평동과 영도사이의 바다가 가장 넓고 교량이 세워지기 전인 1910~1915년의 사진으로 추정된다. 사진의 아래에 "釜山牧之島洲岬を望む" 즉, "부산목의 섬 마키노시마(주갑도)를 바라보다"라고 적혀있어 대평동이 분명함을 알려준다.

3) 지형변천 1910-1920, 1期 매립 - 주요시설의 설립, 과밀화 시기

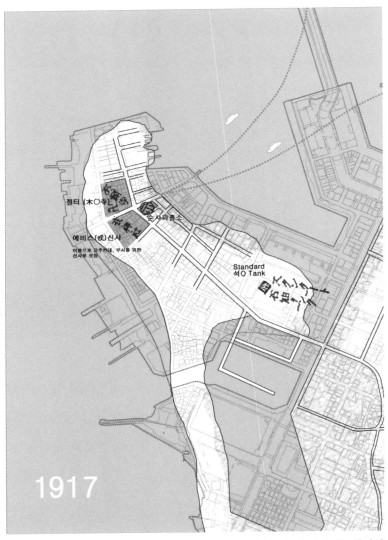

1917 현재의 가로축형성 / 일본인시설

영도본섬에서 대평동 방향으로 매립이 꾸준히 진행되면서 본섬에는 그리드식 개발이 진행되었다. 반면 대평동의 주 진입은 대평로 교량을 통해 이루어진다. 또한 대평동 자체의 매립은 1910년대 초반에는 이루어지지 않았다. 그러나 1917년 지도에서 영도본섬으로부터 대규모 매립이 다시 1919년 지도에서는 주갑과 영도를 잇는 부분(전 수산대학 자리)의 매립이 시행되었다. 대평동은 1934년 영도대교가 준설되기 이전까지 부산과 영도를 잇는 주요항로의 연결부였으므로 1919년의 시설군 지도를 보면 영도본섬보다 훨씬 밀도 있는 개발이 이루어져 있음을 살필 수 있다.

주요 다나카 조선소 뒤편으로 순사파출소, 에비스신사, 사찰이 들어있다. 부산에서 영도로 이어지는 주비도선항로를 통해 일본인들의 방문이 빈번했을 것으로 생각된다. 특히 1919년에 이미 스탠다드 오일의 시설군이 완성되었음을 알 수 있다. 스탠다드 오일은 석유왕 록펠러의 회사로 쉘(shell), BP, 에소(ESSO), 모빌(Mobil), 쉐브론(Chevron) 등 현재 많은 다국적 석유회사들의 모기업이다. 스탠다드 오일은 1901년부터 부산을 통해 한국과 일본에 석유를 판매를 시작했다.[참조]

참조) 183페이지 피츠버그포스트가제트誌 보도 참조

일본은 2차 대전 말기까지 전쟁에 필요한 석유를 미국에 의존하고 있었다. 전쟁상대국이라고 하더라도 미국과 일본 간 민간기업의 활동은 제약이 없었다. 스탠다드 오일은 전쟁기간 일본입장에서는 식민지에 있는 필요한 미국기업이라는 미묘한 상황에 있었다. 스탠다드 오일의 초기 한국사장은 2공화국 장면 부총리의 아버지이자, 초대 부산세관장인 장기빈씨로 1911~1939년까지 30년 가까운 기간 동안 스탠다드 오일에 근무했다.[2]

포구에서 직선으로 올라오는 길에는 신사와 사찰이 놓이고 이곳 교차로에 순사파출소가 대평동 가로의 변곡점에 위치하여 지역을 관할하였다. 현재까지도 대평동에 남아 있는 일본식 적산가옥은 이 교차로를 중심으로 위치하는데 이곳이 오래 전부터 지역의 행정적, 정치적 중심이었음을 알 수 있다.

1910년대에는 산업시설이 먼저 대평동에 세워졌으며, 일본인 시설들로 부산에서 배를 타고 오가는 시설로 정주인구는 그다지 많지 않았던 것으로 생각된다. 주요 시설군의 내용, 공업시설, 제염소, 석유탱크 등이 생활권 시설이 아니고, 신사와

2) 부산본부세관, 박물관자료실 세관 Old 스토리 - 20
"초대 부산세관장은 장면박사의 아버지"

절도 주비항로(洲鼻航路)에 직접 연결되는 것으로 보아, 아직까지는 부산 원도심 지역에서 떨어진 외곽의 성격이 강했다.

OUR KEROSENE SOLD IN FARAWAY KOREA

Principal Item of Trade Between This Country and the Distant Nation Is Oil—Big Business in the Year 1900.

Washington, August 31.—Horace N. Allen, United States consul general at Seoul, in a report to the state department estimates that the largest single item of trade between this country and Korea is kerosene, which for the year 1900 amounted to 1,797,630 yen ($895,220) Mr. Allen in his report says:

"The Standard Oil company maintains extensive warehouses at Chemulpo and is now erecting others at Fusan. The trade is growing rapidly. This company has been much annoyed in the past by the importation of inferior oil into Korea in the tins and cases in which its own product has been imported into Japan. In the absence of anything like a law of trade-marks or against adulteration, it was very difficult to do anything to prevent this course. However, by establishing reliable agencies for the sole control of its product at the large centers, and by maintaining a strict surveillance over these, the company's agent has recently succeeded in largely preventing this practice. The import of all other kerosene than American amounted, in 1900, to 241,478 yen ($120,257).

"When the Standard Oil company was about to erect warehouses at Chemulpo, there seemed to be so much opposition to the construction of supposedly dangerous buildings within the limits of the general foreign settlement that the company went across the harbor and erected the warehouses on Roze Island, thus necessitating considerable handling of cases intended for distribution in Chemulpo and by rail from this point.

"Last year an English firm doing business in Japan, the agent for Russian tank oil, asked permission to erect oil tanks within the limits of the Chemulpo general foreign settlement, in close proximity to the railway yards. The municipal council of which the United States representative is a member, refused to grant the request. Such permission, if granted, would have given the Russian oil an unfair advantage over the American product.

"This action, however, does not prevent the erection of tanks on lands adjoining the settlement, and in view of the growing trade in kerosene, it is not improbable that these may be constructed in the near future. Russian oil is not well liked by the natives, for it contains so much paraffin as to be too thick for acceptable use in the cold winter weather when it is most in demand, while it gives off so much smoke as to be very injurious to the light-colored silk or cotton garments worn by the people, as well as to the white papered walls of the houses. It also is objectionable because of its strong odor. Russian kerosene would have to be sold for a very low price to make it a serious competitor of the American product."

부산(FUSAN)을 통해 스탠다드 오일의 수출이 이루어지고 있음에 관란 피츠버그 포스트 - 가제트지(Pittsburgh Post-Gazette 誌)의 1901년 9월 1일자 보도

4) 지형변천 1920년대 - 대평동 산업시설 확장 및 서비스등 기능다양화

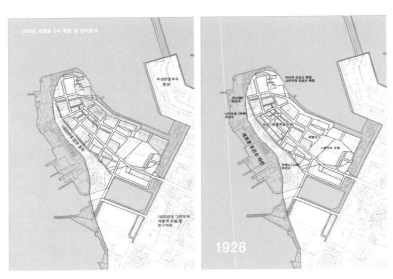

영도대교방면 정비 / 영도본섬개발   대평동의 새로운 업무 / 상업기능

매립을 1기와 2기로 나눌수 있는 것은, 일단 매립이 1910년대에 한번 활발히 이루어진 후 약 15년간 큰 변화가 없다가 다시 1930년대 중반 영도대교 준공시기 현재의 모습에 가까운 매립이 이루어졌기 때문이다. 따라서 대평동의 매립만 놓고 봤을 때는 매립시기를 크게 1910년대의 매립을 1기 매립, 1930년대 중반이후의 매립을 2기 매립이라 구분할 수 있다.

1920년대는 지형의 확장이라는 측면에서는 큰 변화가 없지만 대평동의 해안선의 이용에 관한 결정이 이루어진 시기이다. 영도대교를 준설하기 10년 전이지만 이미 다리가 연결될 기초가 완성되었고 대평동을 중심으로 양쪽에 다른 성격의 기능이 갖춰졌다. 북항 방면으로는 선착(船着)할 수 있는 직선의 부두를 만들었고 남서해안선에는 선박정비를 위한 접안 도크 시설이 설치될 수 있도록 해안선을 정비했다.

　　대평동 남서쪽은 1920년대 중반까지 자갈치 바다처럼 자갈로 구성된 바다의 모습을 가진 자연바다였다. 1920년대에는 북항 방향의 선착시설 정비 공사를 진행하면서 남서쪽도 정비 사업을 동시에 진행하였다. 나카모토(中本) 조선소와 가나(加納)조선소가 현재의 삼화조선소 자리에 들어섰고, 현 마스텍조선소 쪽에는 우에노(上田) 조선소가 들어섰다. 남서쪽 매립은 1930년대 중반에 이루어지므로 당시 조선소들은 현재의 위치보다 훨씬 안쪽으로 대평로 가까이 위치하고 있었다. 지금까지도 마스텍 조선소 선박도크가 대평동 깊숙이 들어와 있는 것 역시 이때의 위치를 어느 정도 유지하고 있기 때문이다. 1920년대 조선소들을 연결하던 도로는 현재 대평로와 대평남로 블록사이에 있었는데, 토지의 지적은 쉽게 바뀌는 성질이 아니어서 현재까지도 내부블록을 살펴보면, 과거 도로의 흔적을 찾아낼 수 있다.

대한민국 최초의 조선소라는 다나카 조선소는 1927년부 약 10년간 지도상에서는 이름이 사라지기도 했는데, 1930년대 중반까지의 지도에 나카무라 조선소가 기존 다나카 조선소자리까지 확장되어 표시되어 있다. 1920년대 후반 나카무라 조선소에 잠시 합병되었거나 위세가 줄어들었던 것으로 보인다. 이후 1930년대 후반 다나카조선소는 다시 지도상에 표시된다.

1920년대에는 영도의 토지개발이 활발히 이루어져 인구유입도 상당했을 것으로 보이며, 풍부한 주변 노동력을 바탕으로 조선관련 업종이 대평동에도 대거 들어섰다. 또한 대평동 다리건너 영도 쪽에는 병원과 약방 등 다른 서비스 업종도 들어서는 등 부산도심과 별도로 현재 남항서로를 따라 부도심이 형성되었다.

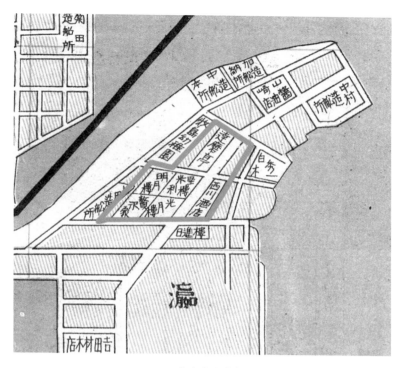

1930년 부산부직업안내도의 대평동 요식업군 표시

　대평동 해안선을 따라 5개의 조선소가 한꺼번에 들어선 시기
인 만큼, 내부블록은 현재처럼 조선관련 서비스 판매 업도 따
라 들어섰을 것으로 유추할 수 있다. 흥미로운 것은 요식업 군
을 나타낸 지도그림에 진하게 표시된 블록에 들어선 유흥시설
군인데, 1930년 전후에 부산 전 지역에서도 이렇게 유흥시설

군이 밀집된 곳을 찾기 어려울 정도로 발달되었다. 지도에 표시된 가게의 이름들은 달마정(達磨亭)과 같은 숙박업소, 명월루(明月樓), 광월루(光月樓), 메리켄루(米利堅樓) 등 요리주점집의 이름이나 췌택가(贅沢家)라는 이름으로 유추컨대 (贅沢 : 일본어 고급, 사치의 의미/ 일본 술이 아닌 서양 술을 다루는 곳의 의미), 신문물이나 고급서비스문화가 발달한 1930년 부산부직업안내도의 대평동 요식업군 표시 지역이었을 것으로 추정된다.

5) 1930년대 2期 매립 - 조선업 활성화, 물류기지 대평동

1930년대 중반 대평동은 이미 현재와 같은 형태를 갖추었다. 남서방향으로 1933년, 1934년 두 차례 매립공사가 이루어져 현재의 해안선의 모양을 갖추었다. 또한 1934년, 수산시험장과 우에노 조선소 사이에 뱃길을 만드는데, 1937년 대평동과 영도 본섬을 잇는 매립을 이미 계획하고 있었던 것으로 보인다. 1938년 대평동 1가와 남항서로 사이의 뱃길이 매립되면서, 대평동은 이제 섬과 가까웠던 지리특성이 사라지게 된다.

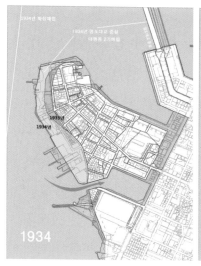

영도대교방면 정비 / 영도본섬개발   대평동의 새로운 업무 / 상업기능

　1928년 4개였던 조선소가 10년 새 두 배인 8개로 늘어났다. 과거 카노우조선소(加納造船)는 사라졌고, 1934년 남서쪽 매립부에 3개의 조선소가 신설되었다. 이로서 1938년 대평동에는 다나카조선소(田中造船), 나카무라조선소(中村造船), 마츠후지조선소(松藤造船), 나카모토조선소(中本造船), 이소자키조선소(磯崎造船), 다무라조선소(田村造船), 우에다조선소(上田造船),니시다조선소(西田造船) 의 총 8개 조선소가 군림하게 된다.

1900년대 초반부터 대풍포의 동쪽 끝에 위했던 제염소들은 이때까지도 시설이 남아있어서 지도상에 코노미제염소(許斐 製鹽)와 아라이제염소(荒井製鹽)가 스탠다드 오일과 더불어 대평동 남동쪽 산업 군을 형성하고 있었다. 대평동 북항 쪽 해 안은 주로 부산도심에서 뱃길이 이어지던 곳이었는데 1934년 영도대교가 완공되면서 이러한 교통역할은 퇴색한 것으로 보 인다. 일제는 1920년대 후반부터 북항 쪽 해안을 물류를 싣고 내릴 수 있는 부두로 정비했는데, 따라서 이곳에는 물류창고 들이 들어서게 된다. 대표적인 것이 지금까지 원형이 남아있 는 조질창고(朝窒倉庫)라 하겠다. 조질창고는 조선질소비료 주식회사(朝鮮窒素肥料株式會社)의 창고란 의미로 조선질소 비료는 노구치 시타가우(野口遵), 혹은 노구치 준으로 불리는 신흥재벌 일본기업가가 설립한 회사이다.

조선질소비료는 한반도에 최초의 수력발전소를 짓기도 하 였으며, 홍남의 조선질소비료 공장에는 폭탄에 관한 연구진이 대거 있었던 것으로 보아 단순한 비료공장은 아니었던 것으로 사료된다.

노구치 준은 현재 소공동 롯데호텔의 전신인 반도호텔의 소유주이기도 했고, 일본 다국적 화학그룹 아사히카세이의 창업주로로 알려져 있다. 조질창고는 1934년에서 1936년 사이에 지어진 것으로 보인다. 1933년까지 블록전체가 하나의 대지였던 것이 1934년 지적도상에 비로서 현재의 토지대장과 같은

토지구획이 분리, 정리되었고, 1936년 지도에서는 이미 대평
동의 랜드마크로 조질창고가 표시되어 있기 때문이다. 창고의
기본 단위은 12m×24m가 한 동으로 5동이 연이어 세워진 형
식으로 좌우 측면은 도로의 형태에 따라 형태가 왜곡되어 있
다.

조질창고 구조 기본도

내부기둥간격은 트러스방향으로 12m, 벽채방향으로 2m이다. 상부의 트러스 구조가 뒤틀림에 저항하는 구조로 설계되어 있는 것으로 보아 원래의 구조는 내부가 모두 열려있는, 다시 말해 내부에 벽이 없는 구조였을 것으로 추정된다. 불규칙한 토지모양에도 지붕선, 및 처마선을 수평으로 맞추기 위한 내부의 목구조 변화가 흥미롭다. 중간의 3개동은 과거 지적도보다 해안방향으로 약 2미터 정도 돌출되어 있는데, 아마도 현재 건물이 공유면을 사용하고 있어서, 재건축이 안 되고 지금까지 보존된 것으로 생각된다.

6) 1940년 이후

1940~1960년대까지의 우리나라 사적자료가 참 부족하다. 전쟁말기 힘에 부치던 일본도 지도 등 기록을 남기지 않았고, 한국전쟁이후 국가의 형태가 갖춰지기 전까지의 우리자료도 적기 때문이다.

항공사진은 1951년 6월의 촬영본이다. 잘 알려져 있듯 부산

소 지역
설업음

제염소사설

스텐다드 오일

중섬상업거리

과말주거

1915년 6월 대평동 미군항공사진

은 전쟁발발 3개월 만에 마지막 피난지가 되었다. 1951년 6월
이면 이미 인천상륙작전이후 9개월이 지난 시점이다. 그런데

1951년 현재해안선 일치

도 대평동의 구조는 일제 때와 변한 것이 없다. 대동아파트 남쪽 일부블록만이 대평동의 도시구조와 맞지 않는 과밀소형 주거로 가득 찬 모습이다.

　현재 조선소를 따라 대평남로로 들어선 소규모 주택들도 이 때까지는 관찰되지 않는다. 공업지대인 만큼 대규모 창고들과 공장들이 들어서있고, 주택들의 규모도 다른 지역에 비해 크고 정연하게 배치된 모습이다. 현재와 같이 작은 필지로 나뉘고, 공지가 건물로 채워지는 일들은 전쟁과 무관하게 부산의 산업발전기에 생겨난 것으로 추측된다. 현재와 같이 작은 필지로 세분되는 것은 1950~60년대에 이루어진 것으로 보인다. 1975년 지도에는 이미 조선소블록에 주거가 들어가고, 필지가 세분되어 있음이 관찰된다.

　1951년 항공사진에는 대평동을 가로지르는 중앙대로변으로 적산가옥의 상업가로가 눈에 띄는데 1920년부터 고급음식점과, 유흥가가 들어선 지역이었으니 1940년대쯤에는 대로변의 상업가도 잘 발달되었을 것으로 생각된다. 가로를 따라서 정면을 보이면서 배치되고 이면은 그 방향에 직각으로 발달되는 전형적인 일본 상업지구 형태를 보인다. 위성사진에 나온 대평동의 모습은 옆 그림과 배치나 규모가 비슷하다.

1970년대 기존 스탠다드오일 자리에는 대동조선(大東造船) 제2공장이, 제염소 블록에는 동남조선(東南造船)이 자리하고 있었다. 또한 조질창고는 동명철공(東明鐵工)의 공장이 되었다. 1970년 초반까지는 이름이 바뀌었어도 대평동의 산업구조는 크게 변화가 없었던 것으로 보인다. 그러나 1980년대에 들어 대규모 산업시설도 몇몇 사라지고 축소된다. 공장과 창고가 있던 자리에 점점 주거가 생겨났다. 공업소등이 있던 자리에 77년 대동맨션, 78년 태림맨션 1980년 대동조선자리에는 대동대교맨션(1980년 8월준공)이 들어섰다.

2. 대평동 발전사

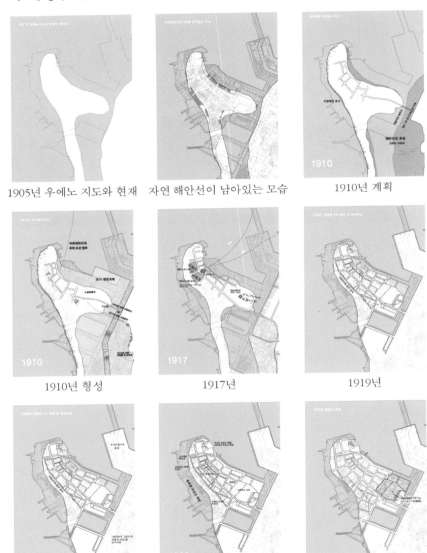

1905년 우에노 지도와 현재   자연 해안선이 남아있는 모습   1910년 계획

1910년 형성   1917년   1919년

1928년   1920년대 주요시설   1933년의 변화

1933년의 변화

1933년의 확장

1934년의 매립

1938년의 지도

1951년

3. 대평동 전후(戰後) 시대별 지도

1965년

釜 山(062)

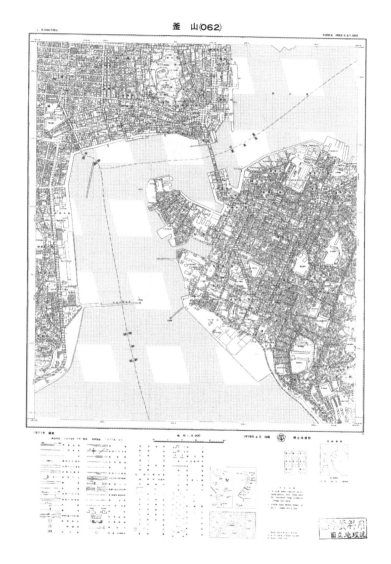

1975년

1975년 현재 비교

釜　山(062)

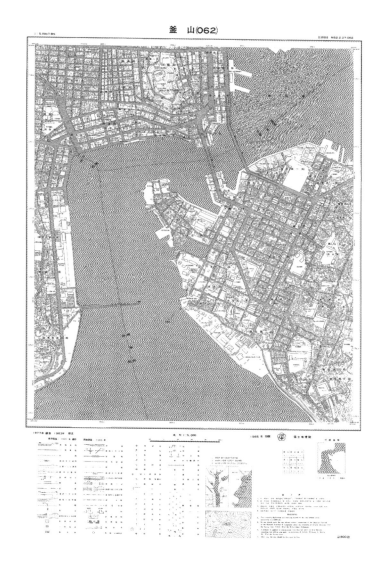

1982년

4. 1950년 부산도심 영도 항공사진

해방이후 항공사진 1

해방이후 항공사진 2

해방이후 항공사진 3

해방이후 항공사진 4

해방이후 항공사진 5

5. 대평로 46번길 가로기록 이미지

　대평동의 형성과정을 지도를 통해 유추해볼 때 대평동에서 가장 오래된 가로는 대평로 46번 길이다. 대평동을 횡으로 가르는 대평로는 현재 주요 진입도로로서 중심도로의 역할을 하지만 사실 대풍포가 영도본섬에 접속되기 이전에는 주비도선 항로의 기착점인 동쪽 끝단에서 서쪽으로 이어지는 46번 길이 중심도로의 역할을 하였다. 따라서 일제시기에는 이 길을 따라 주요 관공서가 들어섰으며, 현재 대평동 로터리가 도로의 끝으로 이곳에 신사가 위치하고 있었다.

　대평로를 중심으로 서쪽은 한국전쟁이후 개발된 곳으로 필지가 협소하고 정돈되지 않은 형태인 반면, 동쪽은 필지가 반듯하고 규모도 크다. 특히 대평로 46번 길은 공공시설이 밀집되어 있던 곳인 만큼 주택의 규모와 질이 타 지역보다 우수했을 것으로 유추된다. 현재 대평동에 남아있는 일본식 적산가옥이 이곳에 밀집되어 있는 것도 이러한 역사적 배경과 관련을 맺고 있다.

　일제강점기 후반 이후 선박과 관련된 공업기능이 확립되면
서 대평동의 토지이용가치는 지층부분에 집중되게 된다. 대부
분 무거운 중장비가 사용되고, 제작되는 생산품 또한 무거운
선박업종이기 때문에 지상 1층의 공업기능은 연속적으로 개
발수요가 있는 반면 수압 및 지상층 무게 등을 고려 지하층은
발달이 어려웠고, 외부환경의 부정적 영향으로 지상 2층 이상
의 용도도 주거나 사무실로 개발되지 못했다. 대평동의 가로

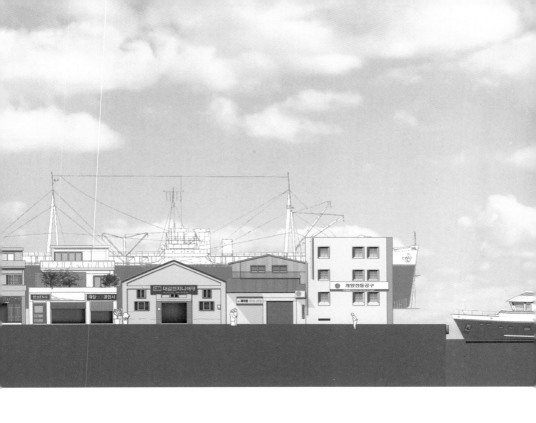

는 지상1층의 기계관련 업종에 기타 시설이 필요한 만큼만 기생하는 모습을 보인다. 46번 길의 북단에는 대평동 최초의 매립공사를 통해 만들어진 다나카 조선소가 위치하고 있고 대평동 동북블록면적의 70%는 조선소가 차지하고 있어 지역의 경관을 압도한다. 46번 길 북단의 건물 수는 총 11개로 이중 3개는 일제 강점기의 목조지붕이 현재까지 남아있는 것으로 보인다. 몇몇의 주택은 건축법제정이전, 즉 1960년대 이전의 증축

형태로, 건축물이 한 번에 지어지지 않았기에 각층이 서로 다른 건축 형태과 양식을 보여주는 건물도 있다. 11개의 건물이 지어진 연대, 형태, 재료가 모두 다름에도 지상1층의 공업기능이 연속적인 것이 재미있고 인상적인 대평동의 흔한 풍경이다.

6. 대평동 전체 지도제작

대평동의 전체지도 제작은, 위성사진 등 사진이미지는 형태의 왜곡 및 색채의 영향 정도 때문에 도시의 구조를 파악하기 어렵고, 기존 도면 및 지도의 경우에는 형태와 건축물의 정보가 생략되어 정보로서의 기능이 없는 문제를 극복하기 위함이다. 지도의 명시성을 가지면서도 현장감을 전달할 수 있는 이미지를 구성하였다. 형태지도의 이미지는 향후 대평동의 건축프로젝트를 도시적 차원에서 개별구획 단위의 의미에서 각 각 살펴볼 수 있는 매개체가 될 것이다.

현재 색채작업까지 마친 대평동 전체지도는 우선 규모를 고려하여 120cmX120cm 스케일 1/600으로 제작되었다. 그러

나 Autocad 상의 상세정도는 1/100 스케일도 그려져 있기 때문에 필요부분은 확대하여 보다 상세한 작업이 가능한 기반을 마련하였다. 현재 도면의 상세정도는 10cm 범위로 지붕골, 캐노피 폭, 옥상설치물 등이 포함되었다.

참고문헌

곡금량, 김태만 외 옮김, 2008,
〈바다가 어떻게 문화가 되는가〉, 산지니

김승, 2015,
〈부산의 일본인 이주어촌 건설과정〉,
대평동 마을강좌 자료집
'한국 근대조선산업의 발상지-대평동', 영도문화원

김정하, 2013,
〈대평동 조선소 테마거리 문화지도 제작 최종보고서〉, 영도문화원

김정하, 2014,
〈근대산업화기 여성근로자의 산업민속〉, 한국민속학 59호

김한근, 김성호, 김동진, 2015,
〈사진과 지도로 보는 기억 속 대평동〉,
대평동 마을강좌 자료집 '한국 근대조선산업의 발상지-대평동',
영도문화원

류태건, 2014,
"'해양수도' 부산시 해양문화정책의 현황과 특성",
동북아시아문화학회 국제학술대회 발표자료집 제10호

배석만, 2015,
〈대평동 조선소와 철공소 이야기〉,
대평동 마을강좌 자료집 '한국 근대조선산업의 발상지-대평동',
영도문화원

앨빈 토플러, 원창엽 옮김, 2006,
〈제3의 물결〉, 홍신문화사

유용주, 2002,
〈그러나 나는 살아가리라〉, 솔

이집윤, 박대수, 박기영, 2015,
〈대평동 마을회의 창립과 활동〉, 대평동 마을강좌 자료집
'한국 근대조선산업의 발상지-대평동', 영도문화원

임성원, 2015년 8월 31일,
'[밀물 썰물] 깡깡이 아지매', 부산일보

정종필, 2012,
〈절영도왜관 그리고 살마굴〉, 유빈출판사

차철욱, 2015,
〈이주민의 정착과 영도〉,
대평동 마을강좌 자료집 '한국 근대조선산업의발상지-대평동',
영도문화원

플랜비문화예술협동조합, 2015,
〈부산을 알다〉(2015 부산학 시민총서), 부산발전연구원

한국학중앙연구원, 2015,
〈한국향토문화전자대전〉, 네이버

홍성권, 2016년 5월 31일,
'부산항 역사 중심에 영도가 있다-영도 남항동', 한국일보

황풍년, 2016,
〈전라도, 촌스러움의 미학〉, 행성B잎새

깡깡이예술마을교양서-1

깡깡이마을, 100년의 울림 - 역사

초판 1쇄 발행   2017년 3월 30일
   2쇄 발행   2019년 1월 15일

발행처   부산광역시 영도구, 영도문화원
기획   깡깡이예술마을사업단 www.kangkangee.com T. 051-418-1863
   부산시 영도구 대평로 27번길 8-8 2층 깡깡이예술마을 생활문화센터
연구 및 제작   도서출판 호밀밭
   T. 070-7701-4675 부산시 수영구 광안해변로 294번길 24 지하1층
책임연구   장현정 (깡깡이예술마을사업단 학술감독)
공동연구   정재훈 (부산대학교 건축학과, 건축지리조사)
연구원   배미래, 서호빈, 하은지, 최예송
사진   홍석진, 깡깡이예술마을사업단
자료사진제공   김한근
디자인   홍주남 (Le tropical cosmique studio)

Published in Korea by Homilbat Publishing Co, Busan.
Registration No. 338-2008-6. First press export edition March, 2017.

ISBN 978-89-98937-52-2 03980
ⓒ 깡깡이예술마을사업단, 2017

  대평동마을회